华夏龙脉秦岭书系

高从宜 王小宁 著

终南幽境

秦岭人文地理与宗教

西北大学出版社

图书在版编目（CIP）数据

终南幽境：秦岭人文地理与宗教 / 高从宜，王小宁著.
—西安：西北大学出版社，2016.8
ISBN 978-7-5604-3765-1

Ⅰ.①终… Ⅱ.①高… ②王… Ⅲ.①秦岭－人文地理－概况 ②宗教－概况－中国 Ⅳ.①K928.3 ②B928.2

中国版本图书馆CIP数据核字（2015）第292031号

华夏龙脉·秦岭书系
终南幽静·秦岭人文地理与宗教

作　　者：	高从宜　王小宁
出版发行：	西北大学出版社
地　　址：	西安市碑林区太白北路229号
邮　　编：	710069
电　　话：	029-88302621　　88302590
网　　址：	http://nwupress.nwu.edu.cn
经　　销：	新华书店
印　　装：	陕西思维印务有限公司
开　　本：	710毫米×1000毫米　1/16
印　　张：	19.5
版　　次：	2016年8月第2版
印　　次：	2016年8月第1次印刷
字　　数：	282千
书　　号：	ISBN 978-7-5604-3765-1
定　　价：	72.00元

主要摄影作者：

姜立广　贺绎　齐长民　张毅民　李树林　王建林
马来　从伊　杨广虎　赵振兴　王跃琼

（书中部分图片未能查到出处，请作者看到本书后尽快与我社联系。）

秦岭与中华文明（代序）

方光华 曹振明

秦岭有广义和狭义之分。广义的秦岭是横亘于中国中东部、呈东西走向的巨大山脉，它西起甘肃临潭县白石山，东经天水麦积山，穿越陕西，直至河南，在陕西与河南交界处分为三支，北为崤山、邙山，中为熊耳山，南为伏牛山，全长约1600千米，南北宽数十千米至二三百千米，气势磅礴。狭义的秦岭是指位于陕西省境内的山脉，呈蜂腰状分布，东、西两翼各分出数支山脉，其中西翼分支为大散岭、凤岭和紫柏山等，东翼分支为华山、蟒岭、流岭和新开岭等，中段为太白山、鳌山、首阳山、终南山（狭义）、草链岭等。秦岭不仅在中国自然与人文地理上具有南北分界的重要意义，而且还是中华文明重要的孕育地和塑造者。

一、秦岭与中国农业文明的多样性互补

众所周知，中华文明根源于"农业文明"。农业文明的产生与发展需要温度、湿度适中的气候条件。我国大陆基本处在北纬20度到北纬50度之间，位于世界上最大的大陆——欧亚大陆和世界上最大的海洋——太平洋的交接处，形成了典型的季风气候，适宜农业文明的发展。秦岭横亘于中国中东部，把中国大陆分为南北两半。冬季，它阻挡西伯利亚的寒风南下长江流域；夏季，它阻挡东南季风气流进入黄河流域。这造成了秦岭南北截然不同的气候条件。史前时期，秦岭南北形成了两种不同的农业文明，即以中原黄河流域为核心的以粟作农业为主的旱地农业文明和以长江流域为核心的以稻作农业为主的水田农业

文明。这种南稻北粟的基本格局已得到相关考古发现的普遍印证。

南稻北粟的中国农业文明各有特色，又相互补充。早在公元前5000年左右，南稻北粟的农业文明就有初步交流。从公元前3000年末期开始，南北农业文明的交流逐渐深入，至晚商时期，以殷墟为中心，大约已形成了半径600千米的文化区域。商周以后，中国农业文明的南北互补与联系更加密切。春秋战国时期，秦国逐渐占领渭河流域，成为先进农业生产力的开拓者。其后，秦国从褒斜道翻越秦岭，吞并了富饶的巴国和蜀国，并修建了都江堰。因渭河平原和巴蜀之地在地理及农业上的密切联系，致使古代一度将渭河平原和巴蜀之地并称为"关中"。至唐代中晚期，江南的农业经济获得了巨大发展。苏秉琦先生在《华人·龙的传人·中国人——考古寻根记》中就曾经指出："两大农业区（秦岭南北）的两种农业体系并不是彼此孤立，而是互有影响乃至在发展过程中发生互补等复杂情况。这样一种既有区别又有联系的农业格局，一直影响到整个历史时期。"中国农业文明的多样性互补，对中国历史的发展产生了巨大的影响。

二、秦岭与中国古代政治中心的形成

巍峨的秦岭造就了关中雄胜。关中盆地"四塞以为固"（《史记·刘敬叔孙通列传》）。关中"四塞"的东、南、西三塞均由秦岭山脉所成：东边华山、王顺山、骊山，东延为崤山，横亘于黄河与洛水之间；南边太白山、首阳山、终南山等，雄峙于关中平原的南部；西边岐山、杜阳山、陈仓山等，阻隔于关中西部。另外，再加上尧山、黄龙山、嵯峨山、九嵕山、梁山等逶迤连绵的北部山系，一起组成了关中四面环山的地形地势。在四周绵延起伏、层峦叠嶂的山脉之间，藏有许多雄关险隘。举其要者则有四处：东为潼关或函谷关，南为武关，西为散关，北为萧关。潼关是东部进入关中的天然防线，南依秦岭，北有渭、洛并黄河之要，西有华山之屏，东面山峰连接，谷深崖绝，险恶峻极；函谷关则扼崤函之险，控制着关中与中原之间的往来咽喉；武关是关中的南方门户，建在秦岭南麓陕南商山的谷涧，悬崖深壑，号称"三秦要塞"；散关则西扼关中交通要道，南依秦岭山脉，乃蜀秦往来之咽喉、兵家必争之地。此外，北方的萧关居六盘山东麓，控扼塞北通向关中之要道。因恃秦岭，关中进可攻、退可守，形成了"制内御外"的绝佳态势。占据关中，就意味着掌握了天下"要领"，扼制了九州"咽喉"。

秦岭形成了八百里秦川的肥沃富饶。秦岭北翼塑造了两条大河——泾水和渭水，秦岭北麓又发源了六条河流——灞水、浐水、沣水、滈水、潏水和涝水，泾水与灞水等六条河流最后一并汇入渭水。八百里秦川即为八水所灌溉地域，土质疏松肥沃，地势舒展平坦。早在《尚书·禹贡》中，关中之地即被列为最上等的土地，再加历代所修渠道，如秦国的郑国渠，汉代的漕渠、龙首渠、六辅、白渠等水利工程，以及汉唐诸运河的开通，关中平原的灌溉条件获得扩展，为农耕生产提供了优良条件。张良称关中"沃野千里，南有巴蜀之饶，北有胡苑之利"，乃"金城千里，天府之国"。（《史记·留侯世家》）《史记》称"关中之地，于天下三分之一，而人众不过什三；然量其富，什居其六"（《货殖列传》）。至隋唐时代，关中仍有"天府"美称。

秦岭的山林及河流、湖泊，不仅为关中提供了充足的水源，还改善了关中环境，使得关中气候清爽，山水相间，风景如画。秦岭自古以来就是皇家园林和离宫别馆的首选之地。秦时的阿房宫，汉代的上林苑，隋之凤凰宫、仙游宫、宜寿宫、甘泉宫、太平宫，唐代的太和宫、万泉宫、华清宫等，均修建于此。关中山水激发了众多文人墨客的雅兴，仅一部《全唐诗》就留下了诗篇数百首。

由于秦岭与关中的战略地理优势与富庶，关中成为中国古代政治中心的首选之地。先后有周、秦、汉、唐等13个王朝在此建都，长安的政治中心地位前后长达1100多年，是我国建都时代最早、建都王朝最多、定都时间最久、都城规模最大、历史文化遗址最丰富的中华古代首要政治中心。这在我国乃至世界各国历史当中都极其罕见，以至于古人称秦岭为"龙脉"，称关中为中原的"龙首"。

三、秦岭与中国古代文化精神的塑造

中国传统哲学追求"天人合一"，这种观念来自古人对于人与自然关系的深入思索。传说最早对自然界进行整体把握的是庖牺氏（伏羲氏）。他创作了八卦，认为了解八卦就能了解自然和人类社会。八卦作为观察自然界和天人关系的一种理论思考，毫无疑问是一项了不起的发明。但将古人关于天人关系的思考予以系统化的，则是地处秦岭山水之间的西周王朝的周文王、周公旦。

他们将数千年以来古人探索天人关系的成果予以凝练，形成论述天人关系的经典作品《周易》。《周易》奠定了中国古代天人关系的基本框架，成为历代思想家进一步阐述天人关系的主要依据。春秋战国时期，儒家和道家对天道的认识不同。儒家认为天道尚刚健，主张效法天道刚强的属性。而道家认为天道总是凭借它柔弱的方面生育万物，柔弱的方面包含着无限的可能性，主张效法天道柔弱的属性。这两种观点都对中国文化的发展产生过巨大影响。

中国传统政治推崇仁义教化。这一观念起源于史前时代。在史前文化融合过程中，古人逐渐摸索出礼乐教化是融合不同文化系统最有效的途径。夏商时期，中国政治生活进一步向礼制方向发展。到西周时期，周公制礼作乐，不但从制度上构建了宗法社会秩序，而且从行为规范方面制定了严格的礼仪。周礼确立了中国古代政治的德治与教化原则，成为中国古代政治文明的象征。周礼的具体内容经后人的整理与丰富，形成了《仪礼》《周礼》《礼记》三种典籍。春秋战国之后，它们成为不同时代思想家们阐述政治理想的重要根据。

中国传统文化讲究"和而不同"。"和而不同"在关中表现得尤为充分。在儒家文化发展演变中，关中曾经起过重要作用。汉武帝接受董仲舒建议，用《诗》《书》《礼》《易》《春秋》等经典对知识分子进行熏陶，使他们熟悉经典所承载的政治理念和价值追求，并将他们充实到国家的官僚队伍。汉代所形成的经学教育制度和官吏选拔制度，对儒家核心价值观的传播产生了深远影响。关中又是道教的重要发源地。相传老子曾在秦岭终南山的楼观台讲授《道德经》。秦岭南北是早期道教重要的孕育地和传布地。唐代，终南山楼观台甚至还成为"皇家道观"。宋代，陈抟隐居华山，精研道教。金代，王重阳在终南山创立全真道。全真道成为元以后中国道教的主要流派。秦岭还是中国佛教发展的重要"摇篮"。秦岭西段有麦积山石窟，自后秦开始凿刻，至今保留有雕刻194窟，佛像7000多尊，壁画1300多平方米，是我国古代雕塑艺术的宝库。秦岭中段终南山是中国佛教传播的重要策源地。后秦时期，鸠摩罗什在终南山草堂寺创立译场，开创了中国佛教翻译事业的新局面。秦岭还是中国佛教各宗派创立、发展的源头。汉传佛教八大宗派中，秦岭及关中就聚集了三论宗、净土宗、律宗、法相唯识宗、华严宗、密宗六大宗派祖庭（若包括三阶教之百塔寺，则为七大派别之祖庭）。秦岭是中国传统精神交融、碰撞之所，闪烁着传统文明智慧的光芒。

目录 CONTENTS

上编 国脉秦岭

第一章

秦岭与华夏国家 / 2

周都的南山 / 9

秦人·秦地·秦岭 / 13

汉中·汉王·汉水 / 17

秦岭命名的知识考古学 / 23

秦王和秦岭 / 29

百代始呼大秦岭 / 35

第二章

式微式微首阳山 / 40

神农迁徙《黑暗传》/ 46

茶马丝路帝女桑 / 50

骊山晚照烽火台 / 53

降龙日落白鹿原 / 59

商山四皓洛神赋 / 63

第三章

秦岭"山坡羊" / 66

南山《卖炭翁》/ 75

国脉《千金方》/ 81

天都《阿房宫》/ 86

中编 诗品秦岭

第四章

《帝京》御风荡 / 96

诗唐两重天 / 100

云横秦岭《南山诗》/104

谁人不起故园情 / 112

汉水渭河唐诗源 / 116

子午《分水岭》诗唐《玄都观》/ 122

第五章

《诗经》唱南山 / 126

陶令见南山 / 131

秦岭桃源寻 / 138

凄美《商山行》《诗品》华山幽 / 143

第六章

诗唐终南山 / 150

诗唐太白山 / 156

诗唐太华山 / 160

第七章

秦川《观刈麦》南山《悟真寺》/ 166

诗仙太白风 / 173

诗圣江头哀 / 182

"空山人迹"辋川寻 / 190

下编 道观秦岭

第八章

楼观·道观·玄都观 / 198

云台·金台·天台山 / 205

溶洞·岩洞·龙门洞 / 211

太白·太华·太乙道 / 216

纯阳·丹阳·重阳宫 / 225

第九章

阿弥陀佛阿字观 / 231

莲开五瓣虚云心 / 236

水陆法会悟真寺 / 241

圭峰月照草堂寺 / 246

香巴拉：净业与净土 / 252

第十章

终南捷径：道的政治伦理 / 259

法门通国：佛的皇家殊缘 / 265

神农试毒：帝的舍身崖 / 270

竹掩楼观寺花香 / 274

"上帝临女"终南山 / 280

青山做伴好还乡 / 289
——修订版后记

抛砖引玉 以歌灵山 / 292
——《华夏龙脉·秦岭书系》初版后记

终南山

南幽静

秦岭人文地理与宗教

GUOMAI QINLING

国脉秦岭

第一章
秦岭与华夏国家

《论语·子罕》中的"子在川上曰:逝者如斯夫,不舍昼夜。"是孔子面对河流的历史感慨。《沁园春·雪》中的"俱往矣,数风流人物,还看今朝。"则是毛泽东面对历史的当代感慨。于是,老子面对终南山在《道德经》里发出的深沉悲慨——"上善若水",其寓意就清楚了:尽管不乏黑暗和失望,历史的指向仍然是"上善"啊!正是在黑暗和失望的历史境遇,人类才最需要那些挺身而出的"上善"形象。比如杜甫,毕生艰辛,孩子饿死,还在京城《哀王孙》,还面对秦岭《哀江头》。并且在安史之乱的前夕,望着连绵起伏的终南山,登上大雁塔的杜甫,不啻是一个耶勒米亚悲哀先知:"秦山忽破碎,泾渭不可求。""黄鹄去不息,哀鸣何所投。"(《同诸公登慈恩寺塔》)

在诸如杜甫的先贤们不无哀鸣的"上善"召唤声中,我们走向秦岭,走向华夏国家那历史的深处。

秦岭有广义和狭义之分。广义的秦岭,西起甘肃省北部的白石山,以迭山与昆仑山脉分界;东至陕西与河南交界,引出崤山(北)、熊耳山(中)、伏牛山(南)诸众岭群山;全长1600千米,气势磅礴,连绵广阔,雄踞华夏中央。中国上古开国之夏商两朝,以广义秦岭的东段为祖地,山西省今有夏县,河南省今有禹州;有夏墟有殷墟,皆在河(黄河)洛(洛河)文明区域空间。《易经·系辞上》写道:"河出图,洛出书,圣人则之。"即河洛流域的文明写照,即广义秦岭的人文概括。

狭义的秦岭东起黄河潼关,西至渭水宝鸡峡,全长500多千米,即秦岭陕西省境的巍峨群山。陕西省境的秦岭的东西两端,皆闭合性北折以形成"关塞":闻名天下的华山、潼关与关山、陇关①。关中的北部,有黄土高原、黄河天险与万里长城。关中的南部,便是巍峨峻峭的秦岭,便是"难于上青天"的南山。北阜南山、四面关塞的地理形势,使关中以自然的天堑之塞而为人文的政治中心。秦岭之功大矣,南山之恩深矣!对于华夏国家的文化心理、政治制度及疆域轮廓的形成与巩固,秦岭之恩与功大

---

① 大震关亦称陇关,位于今甘肃省清水县东陇山东坡,是唐中叶以后防御吐蕃的要地。

◎太白神韵

且深矣。周秦开辟，汉唐稳固，长安京畿的华夏国家，一度为世界最繁荣的东方文明中心。

现代地质研究将中国地质划分为华北板块、秦岭板块与扬子板块三大构造带，并在陕南寻找到"略勉带"与"商丹带"的地质确证。秦岭板块居其间，对华夏大陆的形成，意义深刻而巨大。从地貌看，关中北部有世界最大的黄土高原，有万里长城，有天堑黄河。长城以北，嘉峪关以西，属于"塞外"——华夏区域之外。关中南部即秦岭，秦岭无论是地理形胜还是文化渊源，皆为华夏国家的中央山脉。华夏国家乃以黄河为主的二河（黄河、长江）文明，把秦岭南坡划归长江水系，北麓汇黄河水系。秦岭历史上的五大著名古道，将南方与北方统属于华夏国家。殷墟甲骨文（商朝）与周原甲骨文（周朝），对此皆有"蜀""巴"的考古实证与发现。秦岭古道中的栈道，实为国道形制；秦岭栈道，连通南北，塑制华夏，举世无双，功莫大焉。四川省广汉三星堆的考古发掘、陕西省丹凤县楚墓的考古发掘，都极大地提高了秦岭古道塑制华夏国家的地位与分量。秦岭古道，在华夏国家塑制形成中的独特地位与分量，应该被给予高度估价。近年来，有将秦岭誉为中华"父亲山"者，虽不乏情感因素，其历史地理上的根据也不难稽考。

华夏国家的形成，许倬云先生的《西周史》、唐晓峰先生的《从混沌到秩序：中国上古地理思想史述论》等著作，皆认为是在西周时代。①2600年前，孔子《论语》中的"郁郁乎文哉，吾从周"，对西周政治文化的崇高文明进行了高度礼赞。华夏国家建都"关中"，与秦岭的地理形势密不可分。周秦两朝从秦岭之西起家，在秦岭之东鏖战，最后在秦岭之中建都。离开五岳之中而选择秦岭之中建都，是华夏国家政治中心的巨大变迁和重要事件。上古夏商两代的"难守"，与中古宋明两朝的"易攻"，表明秦岭关中之国都较之嵩山中原之国有很大的合理性与优越性。这种

---

① 唐晓峰：《从混沌到有序：中国上古地理思想史述论》，中华书局2010年版，第224—234页。许倬云：《华良国家的形成》，《西周史》，北京：三联书店2001年版，第113—146页。

合理性与优越性体现在关中之"关"上,体现在关中之易守难攻的地理性质上。周秦两朝的都城选择,离开了中岳嵩山区域,而坐落于秦岭之中与中秦岭,这至少有以下几个解释:①周秦从西秦岭出发,征战于东秦岭,对中秦岭有深刻真切的体认经验;②嵩山虽为中岳,但南北两岳(衡山与恒山)存在相当的飘移性;③夏商定都中岳,相继灭亡,促使周秦改变策略;④关中位居渭河平原,直通黄河中原。关中之"关",是易守难攻的代名词,而"中"又符合华夏国家的立都传统。从周朝建都于关中开始,华夏国家的政治中心在秦岭北麓荣耀了1000多年。

中国作为世界历史上的文明古国,"绵绵瓜瓞"五千年,一般称之为华夏文明。华夏者,简明而言,是由"华"和"夏"两者构成。"夏",即中国历史记载的第一个夏朝的"夏"。"华",从中国历史记载的第三个王朝——西周的国家文明而来:周朝建都华山之西,"华"成为西周的国家文明标记。夏商周,史称"三代文明"。华夏国家形成于西周,这已经是学界共识。从秦岭与华夏国家的关系角度,我们补充三点:①从历史哲学境界,老子言"道生于三",黑格尔也以"正、反、合"表明"三"的综合真理性。华夏国家形成于西周,西周正是"三代文明"中的那个"三"啊!西周恰又建国都于秦岭北麓的丰镐两京,秦岭之于华夏国家的意义应该引起高度关注。②华夏国家形成于西周,一个重要标志就是西周完成了"华"和"夏"的视野整合与文化综合。简明看,"华"对应华山以西,即陕西境内的狭义秦岭;"夏"对应华山以东,即广义秦岭的"两河"(黄河与洛河)。今日,必须扭转囿于省境眼光和利益,而进行的对华夏国家文明遗产的任意切割与掠夺,应该回到秦岭(广义)为中心的华夏国家的文明本位立场。③从秦岭与华夏国家的关系角度来分析,我们提出华夏国家的两重概念。华夏国家的广义概念,即大家经常使用的含义:从"三代"到今天五千年的中国文化历史。华夏国家的狭义概念,即与秦岭研究关系非常密切的,从西周到唐代的中国文化历史。从西周到唐代的中国文化历史,周秦汉唐皆定都于长安,秦岭南山毫无疑问是华夏国脉或中华"父亲山"。

在华夏国家的狭义概念基础上,对于五千年中国文化的历史分期,我们愿意提出一个"三夏"概念，即从西周到唐代的"华夏"，以汉民族为政治文化中心的历史创造；从宋代到清代的"夷夏"，以汉民族和少数民族同胞为二重奏的历史时期；从清代到今日的"启夏"。广义的华夏国家，即包括"华夏"（狭义）、"夷夏""启夏"在内的"三夏"国家历史文化的概念。"华夏""夷夏"的概念名称，人们熟悉。"启夏"的概念，来自于夏代开国的夏启和唐代都城的"启夏门"。夏启作为夏代的开国君王，也就是"启夏"吧。唐代都城长安的"启夏门"，位于大雁塔稍南。陕西师范大学的外事活动中心，即命名"启夏苑"。唐代长安的"启夏门"通往天坛和太乙宫，是祭天之门、超越之门、开放之门。因之，我们借用"启夏"概念，既和"华夏""夷夏"对应，也指处于开放世界、面临挑战、走向未来的现代中国。

清末龚自珍在《己亥杂诗》写道："九州生气恃风雷，万马齐喑究可哀。我劝天公重抖擞，不拘一格降人才。""己亥"，即道光十九年，公元1839年，第二年即1840年，鸦片战争爆发，战败后中国开始由独立的封建社会转变为半殖民地半封建社会。"天公"的第一次"抖擞"，开创了尧舜禹到盛唐文明的华夏时代。"天公"的第二次"抖擞"，即诗人龚自珍祈祷的"重抖擞"，开始了九州志士振兴古国的"启夏"时代。"华夏"时代与"启夏"时代之间，则是汉民族与少数民族二重奏的"夷夏"时代。从"华夏"时代到"启夏"时代，华夏文明，沧桑五千年，由长安时代到北平时代，国家首都从中南山下，移地换形到中南海内。70多年前，毛泽东主席写了一首著名的《沁园春·雪》。其词曰：

北国风光，千里冰封，万里雪飘。望长城内外，惟余莽莽；大河上下，顿失滔滔。山舞银蛇，原驰蜡象，欲与天公试比高。须晴日，看红装素裹，分外妖娆。

江山如此多娇，引无数英雄竞折腰。惜秦皇汉武，略输文采；唐宗宋祖，稍逊风骚。一代天骄，成吉思汗，只识弯弓射大雕。俱往矣，数风流人物，还看今朝。

○南山遇仙桥

这首闻名天下的《沁园春·雪》，中心内容是"北国风光"。其次，毛主席在《沁园春·雪》中咏唱的华夏中国文明的五位"风流人物"：秦皇、汉武、唐宗、宋祖和"一代天骄"成吉思汗，秦皇、汉武、唐宗皆立都并生活于关中长安，尤其是"唐宗"李世民，创造了领先世界的大唐文明与华夏国家。"秦皇、汉武、唐宗"都属于我们所提出的"华夏"概念。"宋祖"赵匡胤和"一代天骄"成吉思汗，无疑属于我们所提出的"夷夏"概念。他们二王，正好象征了"夷"和"夏"二重奏的中国历史时期。《沁园春·雪》的结尾，毛主席无比豪迈和自信地给我们唱云："俱往矣，数风流人物，还看今朝。"百年春秋，谁为"启夏"时代的"风流人物"？每个人的名单可能有所不同。毛主席作为"启夏"时代——世界开放、面临挑战、走向未来的现代中国的伟大风流人物，则无疑矣！

在秦岭众多的名称中，思想文化蕴涵最深的，还是终南山。从政治地理角度来看，五千年的华夏文明被概括为长安时代和北平时代。秦岭终南山，本来是中南山：意为"天之中，都之南，因而叫中南山"。中（终）南山是华夏文明长安时代的地理象征。今日华夏文明北平时代的地理象征，又是什么呢？答曰："中南海！"毛主席是"启夏"时代的"风流人物"与象征。唐太宗李世民则是"华夏"时代的"风流人物"与象征。他们一个生活于唐代中南山下的长安，一个生活于现代北京城内的中南海。这是多么意味深长啊！

"华夏"时代，国都长安的汉唐文明，领先于九州和世界。"夷夏"时代，汉民族的文明在民族融合的曲折过程中仍然向前发展。"启夏"时代，我们的《国歌》唱道："中华民族，到了——最危险的时候。"中华文明的政治中心，从"华夏"时代的长安，变化到了"夷夏"和"启夏"时代的北京。探讨"秦岭与华夏国家"，固然是回溯历史、梦里江山，更源自"启夏"时代"天公重抖擞"的深沉祈祷，源自《沁园春·雪》的伟大憧憬："须晴日，看红装素裹，分外妖娆。"至少对于秦岭终南山，我们必须憧憬，必须如此憧憬！

周都的南山

秦岭在东汉班固《西京赋》"睎秦岭"之前，一直叫作南山或终南山。南山来自于直观的视知地望：它位于西周国都丰镐两京之南。《诗经·文王有声》写道：

文王有声，遹骏有声。遹求厥宁，遹观厥成。文王烝哉！
文王受命，有此武功。既伐于崇，作邑于丰。文王烝哉！
筑城伊淢，作丰伊匹。匪棘其欲，遹追来孝。王后烝哉！
王公伊濯，维丰之垣。四方攸同，王后维翰。王后烝哉！
丰水东注，维禹之绩。四方攸同，皇王维辟。皇王烝哉！
镐京辟雍，自西自东，自南自北，无思不服。皇王烝哉！
考卜维王，宅是镐京。维龟正之，武王成之。武王烝哉！
丰水有芑，武王岂不仕！诒厥孙谋，以燕翼子。武王烝哉！

在《诗经·文王有声》中，来源于"丰水"的"丰"，出现了五

◎华山春秋（庶人）

次,分别是:"作邑于丰""作丰伊匹""维丰之垣""丰水东注""丰水有芑"。前四句,"作邑于丰""作丰伊匹""维丰之垣",写周朝建造丰京,从内城到外城。丰京"外城"("维丰之垣"),是一个"四方攸同"的京城啊!镐京"外城"("皇王维辟"),也是一个"四方攸同"的京城啊!后两句,"丰水东注"写大禹对丰水流向的治理;"丰水有芑",写周武王对沣峪物产的治理。最后几句写周朝京城由丰京改变到镐京:"镐京辟雍,自西自东""考卜维王,宅是镐京"。周朝京城由丰京改变到镐京,方向是"自西自东",目的是"实始翦商",消灭殷商,统一天下。丰水即秦岭终南山的沣峪,渭河的南山支流。南山丰水和周朝丰京同姓,南山是周朝丰镐的国脉。

《诗经·节南山》唱云:"节彼南山,维石岩岩。"《诗经·信南山》唱云:"信彼南山,维禹甸之。"《诗经·天保》,传为召公创作,有"如南山之寿,不骞不崩"。由于西周和《诗经》,秦岭南山的自然风物得以丰富描写,并赋予南山气韵生动的诗歌灵魂,使南山与秦岭处于非此不可的文明关联。南山由于西周与《诗经》的描写,成为秦岭至今仍在运用的别名。"寿比南山""终南捷径""南山律宗"等词语概念,已是汉语的日常词汇与活的文明记忆。

《文王之什·文王》是《诗经·大雅》的首篇,写道:"文王在上,於昭于天。周虽旧邦,其命维新。""周虽旧邦",意指西周是一个历史悠久、身世显赫的诸侯国家。"其命维新",即"居岐之阳,实始翦商",周从一个诸侯国领纳宗主国的使命。从诸侯国到宗主国,从"居岐之阳"到迁都丰镐,秦岭(南山)一直都是周人的山神护法,周人对南山(秦岭)衷心赞美、一往情深。有周一朝,数百年春秋,南山成为早期开发的文明圣地。周人起步于周原,《诗经·绵》写道:"绵绵瓜瓞,民之初生,自土沮漆。古公亶父,陶复陶冗,未有家室。古公亶父,来朝走

©秦岭云海

马。率西水浒，至于岐下。爰及姜女，聿来胥宇。周原膴膴，堇荼如饴。爰始爰谋，爰契我龟。曰止曰时，筑室于兹。"

周原，在很大程度上，即"周源"。周原为渭河泾水包裹，还有"沮河""漆河"（"自土沮漆"）。它们的上游即周人源头，即今日泾渭上游的陇东与关中之间区域。其一，这符合沿谷移动的文明迁徙原理；其二，这有大量古典文献记载；其三，这已有大量考古资料（尤其长武县碾子坡遗址）证实；其四，这符合起源的相对独立性原则；其五，"绵绵瓜瓞，民之初生"。周原是周人自我认同的故乡和圣地啊！周原即"周源"，本是传统的经典与主流观点。20世纪30年代，钱穆先生以后期文献地名"臆测"周人起源于晋南，在考古资料（碾子坡）面前，已被饶宗颐先生视作"皆出后代好事者之附会，了不足信"，"钱说纯出忖测……已无商榷之必要"，并建议《西周史》作者许倬云删去山西一说。许氏未"删"，至为遗憾，究其缘由，是不谙周原与秦岭——尤其是西秦岭的关陇地望特征。①

西秦岭的三大地望特征，包含了周人兴起周原的秘密：其一，陇山与秦岭在泾渭形成十字形山脉骨架；峪口为平原农耕与山地牧猎两大文明的分界；渭水宝鸡峡、泾水五凤山即是此鲜明地望标志。其二，可耕可牧的西秦岭地望形势和忽耕忽牧的周人历史完全契合；多元优势（周·可耕可牧）面对单元文化（商·农耕为主）显示了以少胜多的历史胜利，这恰是《西周史》难以理解的。其三，在夏、商、周三代的全部地望形胜中，最高点即在西秦岭。关中潼关以东——夏商二代的中心区域，根本没有秦岭这样东向横亘、浩然绵延的千里高山。而秦岭——周人的南山又是怎样深入了他们的感知、生命与灵魂了呢？

诗经·信南山

信彼南山，维禹甸之。畇畇原隰，曾孙田之。我疆我理，南东其亩。

---

① 许倬云：《西周史》，北京：三联书店2001年版，第69—76页。

上天同云，雨雪雰雰。益之以霡霂。既优既渥，既沾既足，生我百谷。

巍峨的南山，是我们美丽的家乡！最早的开拓，来自于夏初的帝禹。无论起伏的台塬，还是河畔的平原，都是肥沃的良田啊！我们的田园，我们耕作。一方方的南亩，一块块的东田，是我们富饶的田野。蓝天白云，一派风调的日子；雨雪飘洒，一派雨顺的景象。土壤湿润，生长茂盛的谷物；土壤肥沃，丰收在望的庄稼啊。

这是对南山秦岭的农业经济赞美。

诗经·渐渐之石

渐渐之石，维其高矣。山川悠远，维其劳矣。武人东征，不遑朝矣。
渐渐之石，维其卒矣。山川悠远，曷其没矣。武人东征，不遑出矣。

秦岭南山的岩石呀，既雄伟高峻又浩然连绵。悠远的山川下，是军人辛劳的行旅。日出迟迟的高山，掩护了东征的武人。

这是对南山秦岭军事征战的描写。

诗经·车舝

虽无旨酒，式饮庶几。虽无嘉肴，式食庶几。虽无德与女，式歌且舞。陟彼高冈，析其柞薪。析其柞薪，其叶湑兮。

酒虽不美，请你畅饮。食虽不美，请你饱餐。我虽无能，请一起欢歌跳舞。登上高坡柞树林，一起来砍柴。柞树作柴薪，其叶还是这么茂盛。

这是对南山秦岭日常伦理的歌唱。

从农业经济到军事政治，再到日常伦理，秦岭南山皆周人之国的基础与根本支撑。周人对秦岭终南山的感谢与赞美，用《诗经·民劳》的话总结，即："惠此京师，惠此中国。"就京城地望而言，秦岭是周人的南山；就文明意义看，秦岭是周朝的国脉。

秦人·秦地·秦岭

战国七雄之一的秦国与（以下秦国皆指此）周朝一样，皆兴起于西秦岭关陇环境。两者的差别是，早期秦人更多活动于关中西南的渭水河畔，早期周人更多活动于关中西北的泾河两岸。就此而言，秦岭之于秦人的关系要更为紧密与根本。周人给南山留下了无限优美的《诗经》。秦人给自己的秦岭，的确没有留下什么"诗歌"。这种区别很容易理解：①周人与自己的政治对手相比，虽然弱小，但却历史悠久（"周虽旧邦，其命维新"），面对的也只是一个殷商。秦立国既短，政治对手又是六国。即便秦人对秦岭有着怎样的深情，政治年代的有限时空，也没有给秦岭留下深切的诗篇。②周人立国后，前后800年岁月；秦人却仅有15年！这种巨大的反差与对比，也许只有一件事情可以安慰秦人的灵魂了——秦亡200多年后，南山以秦岭命名。秦人的"秦岭"，由此获得永恒的命名、指认和世界记忆。

秦人未给秦岭留下文字世界的诗歌，秦国却以自己的功业留下了一部史诗。

秦国与秦岭的史诗故事可分为三个阶段与乐章：①陇南阶段，即《史记·秦本纪》"在西戎，保西陲"时期。甘肃省陇南礼县的秦公大墓遗址，对此完全证实。②陈仓阶段，即《史记·秦本纪》"主马于汧、渭之间，马大蕃息"时期。这期间的政治地理轨迹，秦人几乎重新复制了一次周朝的成功！③咸阳阶段，即"秦皇扫六合，虎视何雄哉"（李白《古风》）时期。这是秦国与秦岭史诗故事的最后阶段，也是最高阶段；荣耀的霸业与残酷的暴力同存，欢乐颂与送魂曲共奏。就前一方面看，出兵秦蜀古道统一西南巴蜀，出兵秦楚古道统一东南吴越。秦始皇出入秦驰道与秦岭商山武关，五番御游天下，可谓荣耀至极、威风至极、尊贵至极！还有阿房宫的阁道修到秦岭南山。就后一方面看,商山武关道本是秦征服楚国之路,却成了刘邦入关占领咸阳之路。商州本是商鞅的封地,却成了商鞅的葬地。秦国与秦岭的史诗故事,富于无比的传奇性与悲剧色彩!

秦穆公亲自为秦岭灞河命名,秦之后,人们用"秦岭"为南山命名。

秦国未遑给秦岭留下诗篇。秦国与秦岭的史诗故事,促使人们写下了无比丰富的历史典籍。近年,500万字《大秦帝国》即是突出例证。

秦始皇是古代中国最伟岸的秦人形象。秦始皇(前259年—前210年),秦庄襄王之子,杰出的政治家、军事统帅,首位完成中国统一的秦王朝的开国皇帝。自公元前230年至前221年,先后灭韩、赵、魏、楚、燕、齐六国,39岁时完成了统一中国大业,建立起一个以汉族为主体、多民族统一的中央集权的强大国家——秦。秦始皇是中国历史上第一个使用"皇帝"称号的君主。其对中国历史影响之深远重大,被明代李贽誉为"千古一帝"。

对秦岭文化地理的影响,秦始皇也是名副其实的"千古一帝"。其一,秦岭北麓骊山的秦始皇陵,被称为"世界第八大奇迹"。据载,秦始皇陵从秦王登基起即开始,前后历时30余年,每年修饰用工70万人。现在留存的墓地从外围看,周长2000米,高达55米。内部装饰极其奢华,以铜铸顶,以水银为河流湖海,并且满布机关。仅看秦始皇陵的兵马俑,就可看出当年修建这座陵墓的百姓负担之重。并且,建造陵墓的工匠在陵

墓建成之后全部被活埋。唐中宗李显在《幸秦始皇陵》中写道:"眷言君失德,骊邑想秦馀。政烦方改篆,愚俗乃焚书。阿房久已灭,阁道遂成墟。欲厌东南气,翻伤掩鲍车。"唐朝宰相张九龄在《和黄门卢监望秦始皇陵》中写道:"秦帝始求仙,骊山何遽卜。中年既无效,兹地所宜复。徒役如雷奔,珍怪亦云蓄。黔首无寄命,赭衣相追逐。人怨神亦怒,身死宗遂覆。土崩失天下,龙斗入函谷。国为项籍屠,君同华元戮。始掘既由楚,终焚乃因牧。上宰议扬贤,中阿感桓速。一闻过秦论,载怀空杼轴。"几千年来,文宗国士、先贤今人留下了无比丰富的辞赋诗篇。

其二,为了"示疆威,服海内",秦始皇先后五次巡视全国,足迹所至,北到今天的秦皇岛,南到江浙湖北湖南地区,东到山东沿海,并在邹峄山(在今山东邹城)、泰山、芝罘山、琅邪、会稽、碣石(在今河北昌黎)等地留下刻石,以彰显自己的功德。此外又依古代帝王惯例,于泰山祭告天地,以表示受命于天,谓之"封禅"。五次巡视全国,秦始皇二次取道蓝田—商洛道:既表明了蓝田—商洛道的国家驰道品级,也横穿东秦岭,仪仗庞大,御驾亲临,震动深山,是秦岭文化地理中的罕见盛事。尤其是秦始皇第五次巡视全国,取道蓝田—商洛道,归途驾崩;蓝田—商洛道不仅成了楚怀王的不归路,也成了秦始皇的不归路。

与"秦人"相比,"秦地"更是一个不断变化拓展、内涵复杂之历史地理概念。大体上,"秦地"有三个维度。其一,秦朝建立,嬴政认为自

©秦始皇陵全景

◎秦始皇像

己"德兼三皇，功过五帝"，于是以皇帝相称，此时东至渤海，南到五岭，普天之下，莫非"秦地"。秦地即"天下"的含义，时间幅度上为二世十五年。其二，从周孝王把今天水一带作为秦的封地给予秦非子开始，中经秦庄公被封为"西陲大夫"，到秦文公迁都之汧渭之会，这是秦的艰难创业期，在某种程度上"秦地即陇土"或"秦地即戎土"，历时约80年。其三，从定都汧渭之会到秦孝公任用商鞅变法、徙都咸阳，计400年，秦地大体上即陕西省区域。"秦地即陕西"，相比于"秦地即天下"和"秦地即陇土"而言，更为基本、稳定与根本。以至于秦亡之后，项羽三分秦地（相当于陕西）而有关中的三秦概念；以至于班固《西都赋》将横亘陕西的巨大南山，称之为秦岭；以至于陕西今日仍简称做"秦"。

因有秦人而有秦地，因有秦地而有定都于咸阳的帝国秦王朝；因有威赫天下的帝国秦王朝，而有南山被名之曰秦岭。秦朝早逝，秦岭逶迤；秦人缥缈，秦岭高矗。

汉中·汉王·汉水

◎悠悠汉水情

  汉中，有"汉家发祥地，中华聚宝盆"的美誉。《尚书·禹贡》中所谓"梁州"、《史记》中"褒国"皆是汉中地区的历史称呼。汉中南郑县之名，可上溯至公元前771年。《水经注》载："南郑之号，始于郑桓公。桓公死于犬戎，其民南奔，故以南郑称。"秦朝设汉中郡，郡治南郑，在今汉中南郑县附近。"汉初三杰"之一的萧何对汉中的著名解释是："语曰'天汉'，其称甚美。""天汉"者，天上银河，人间汉江也。

汉水发源于陕西西秦岭的玉皇山南坡和汉中宁强县城西边的米仓山。今日的宁强县城,以前就叫作汉源镇。汉水东南流经陕西汉中、安康。汉水北过湖北十堰市,继续东南流,过襄樊、荆门等,在武汉市汇入长江。除了陕西省汉中,湖北省武汉之"汉",亦取名自汉江。

汉水,古代与长江、黄河、淮河并称"江淮河汉"。自然地理学,有赫赫闻名的江汉平原。汉水是褒国褒姒的稻香故园,是汉朝演义的经典舞台,是三国魏蜀的恢弘战场。三国张鲁的五斗米教,开原始共产主义之先河;城固的张骞出使西域,诞生了伟大的丝绸之路;宦官蔡伦的造纸发明,改变了人类的文本世界。汉水文化,博大精深,魅力入胜又神秘莫测。楚辞汉赋,唐诗宋词,又让汉水一路欢歌,处处吟诵着源远流长的人文乐章。《诗经·汉广》唱道:

南有乔木,不可休思。

◎汉中如画

汉有游女，不可求思。
汉之广矣，不可泳思。
江之永矣，不可方思。

　　汉水东流，行进在巍峨的秦岭和连绵的大巴山之间。于两座古老的山脉之间，汉水九曲回肠，来到"秀挹西江""雄临汉浒"的石泉。《尚书·禹贡》写道："华阳黑水惟梁州。"梁州即陕南一带。"嶓冢导漾，东流为汉，又东为沧浪之水。"汉水的源头嶓冢山，有夏禹治水的足迹，有今人难辨的《禹碑》。唐朝胡曾《咏史诗·嶓冢》云："夏禹崩来一万秋，水从嶓冢至今流。"陕西石泉县有禹王宫。汉水文化，"风气兼南北，语言杂秦楚"，集秦风、楚韵于一体。"汉中王"刘邦，正是集秦风、楚韵于一体的400年汉朝江山的开国之君。

　　《史记·高祖本纪》记载：

正月，项羽自立为西楚霸王，王梁、楚地九郡，都彭城。负约，更立沛公为汉王，王巴、蜀、汉中，都南郑。

八月，汉王用韩信之计，从故道还，袭雍王章邯。邯迎击汉陈仓，雍兵败，还走；止战好畤，又复败，走废丘。汉王遂定雍地。东至咸阳，引兵围雍王废丘，而遣诸将略定陇西、北地、上郡。

二年，汉王东略地，塞王欣、翟王翳、河南王申阳皆降。韩王昌不听，使韩信击破之。于是置陇西、北地、上郡、渭南、河上、中地郡；关外置河南郡。

汉王之出关至陕，抚关外父老，还，张耳来见，汉王厚遇之。二月，令除秦社稷，更立汉社稷。

公元前208年，汉王刘邦以汉中为基地，筑坛拜韩信为大将。今天，王臣皆去，剑影暗淡，物是人非，境真意远！汉中市设有汉台区。汉台即汉王刘邦的拜将台。汉水之阳的拜将台，是汉中的标志象征。拜将台宽阔古朴，意境深奥，令人喟叹。这一拜，是汉王拜其臣！这一拜，拜出了汉家江山！这一拜，是汉水潜龙的文明经典！

《周易》首卦的《乾卦》曰："乾：元，亨，利，贞。初九：潜龙勿用。"《周易》是周文王的圣典作品。《史记·周本纪》写道："文王拘羑里，而演《周易》。"拘河南省"羑里"时期的周文王，不仅是一个"潜龙"，且是危机四伏，瞬时遭斩的"屠龙"。汉中王刘邦，乃汉水潜龙。今日的汉中古汉台，是汉水潜龙的深刻注解和永恒象征。宋代的秦观

◎古汉台

◎英雄神仙

◎张良庙一角

◎汉张良庙

问道:"雾失楼台,月迷津渡,桃源望断无寻处。"(《踏莎行》)他自己的回答是:"银汉迢迢暗度。"(《鹊桥仙》)古代文人知刘邦者,宋代秦观也!古汉台被拜的韩信、月下追韩信的萧何,以及力劝刘邦放弃关中的张良,史称"汉初三杰"。"汉初三杰"中,对刘邦汉水潜龙领悟最深的人是张良。完成英雄伟业之后,张良来到秦岭南坡的深山,修炼起道家功法。如果说刘邦是汉水潜龙,那么张良就是秦山栖凤。陕西留坝县的紫柏山,就是张良在秦岭南坡"凤栖"的地方。

陕西留坝县的紫柏山位于秦岭南麓，因山上遍生紫柏而得名。传说，远古的九天玄女就在此隐居修炼。西汉初年，张良归隐于此，坐禅炼丹，修行深谷。这里便有了天下"英雄神仙第一庙"——张良庙。

张良庙的古雅建筑，隐藏在松树海洋的深处，隐藏在竹林藤苕的浓荫，隐藏在白云飘逸的梦影。张良庙，若隐若现，首先映入眼帘的是授书楼，它像一只高贵的天鹅静栖在幽静的碧山，有展翅欲飞的美。张良被称之为"英雄神仙"，实至名归，当之无愧，早年以韩国贵族的青年气概，追杀过秦始皇。高才妙举，纵横捭阖，张良入世成为汉相，封为留侯，尽显英雄本色。名为留侯，却为出尘留有时候。辟谷修性，纳气观天，接黄石公超逸之风，非神仙而何！其前的姜太公和其后的诸葛亮，也有"英雄神仙"之称，却似乎比不上张良的气概与风度。姜太公是"神仙"在先，"英雄"在后；张良却是"英雄"在先，"神仙"在后。老子云："功成名遂身自退"，也只有张良合乎"道"啊！诸葛亮呢，"出师未捷身先死，长使英雄泪满襟"（杜甫《蜀相》），与张良不必比了。张三丰真人指出："人间无老庄，英雄无退路。"张良入世是大英雄，隐退为真神仙。欲知汉水文化，汉中之美和汉王潜龙的深沉魅力，走进"英雄神仙第一庙"——张良庙，事理明矣。

秦岭命名的知识考古学

秦岭巍峨岧峣，绵延千里，西雪东桃，南舟北车，横岭侧峰，华夏故国之龙脉。随着《秦岭探访》和《大秦岭》在中央电视台的连续播出，沉寂千年的秦岭终于开始走向大众、走向现代、走向世界。

秦岭在先秦典籍以"南山""终南"称之。《诗经》多篇唱云："信彼南山，维禹甸之"（《信南山》），"终南何有？有条有梅"（《终南》）。《尚书·禹贡》写道："终南，惇物，至于鸟鼠。""秦岭"之名，盖出两汉。唐人诗文偶有用之，却仍以"南山""终南"最多。现在的问题是，"秦岭"作为秦王朝灭亡之后，对"南山""终南"的又一个称呼命名，是出现在西汉还是东汉？究竟是在西汉司马迁的《史记》中，还是在东汉班固的《西都赋》中，出现了对南山的"秦岭"命名？

《走进大秦岭》和《大秦岭》等著作认为，西汉司马迁《史记》中的"秦岭，天下之大阻"，是"秦岭"的最早出典。史念海先生《河山集》则认为，东汉班固的《两都赋》乃"秦岭名称"的最早出典。[1]

东汉班固的《西都赋》，用"秦岭"一语取代"南山"和"终南山"，是一个典型的政治语用事件，因而属于福柯的"知识考古学"案例。《西都赋》乃东汉时期著作，司马迁的《史记》为西汉著作。西汉国都为今之西安市，东汉国都为今之洛阳市。刘秀建都洛阳之后，把位于西边的长安称之为西都。班固正是在《西都赋》中，把周秦及西汉时期的"南山""终南山"，首次以"秦岭"相称。班固的《西都赋》自序，自

---

[1] 秦岭的名称始见于东汉班固所撰的《西都赋》。这篇赋中说："睎秦岭，睋北阜"，载史念海：《河山集》第九卷，陕西师范大学出版社2006年版，第257页。

东汉建都洛阳后,"西土耆老"仍希望以长安为首都,因作此赋以驳之。班固的《东都赋》云:

> 东都主人喟然而叹曰:"痛乎风俗之移人也。子实秦人,矜夸馆室,保界河山,信识昭、襄而知始皇矣,乌睹大汉之云为乎?……今将语子以建武之治,永平之事,监于太清,以变子之惑志。……且夫僻界西戎,险阻四塞,修其防御,孰与处乎土中,平夷洞达,万方辐凑?秦岭九嶷,泾渭之川。曷若四渎五岳,带河溯洛,图书之渊?建章甘泉,馆御列仙,孰与灵台明堂,统和天人?太液昆明,鸟兽之囿。曷若辟雍海流,道德之富?游侠逾侈,犯义侵礼。孰与同履法度,翼翼济济也?子徒习秦阿房之造天,而不知京洛之有制也。识函谷之可关,而不知王者之无外也。"主人之辞未终,西都宾矍然失容,逡巡降阶,揲然意下,捧手欲辞。主人曰:"复位,今将授予以五篇之诗。"宾既卒业,乃称曰:"美哉乎斯诗!义正乎扬雄,事实乎相如,匪唯主人之好学,盖乃遭遇乎斯时也。小子狂简,不知所裁,既闻正道,请终身而诵之。"①

"秦岭"在《两都赋》两度出场:分别是《西都赋》客人的"睎秦岭,睋北阜",和《东都赋》主人的"秦岭九嶷,泾渭之川。曷若四渎五岳,带河溯洛,图书之渊?""秦岭"在《两都赋》的出场命名,是一个典型的地理命名的政治语用事件,是一个经典的"王朝"支配"地理"的"知识考古学"对象。

首先,在《两都赋》的主体结构中,西都长安是与前朝相连,东都洛阳是与今朝相连,并且与西都长安相连的这个前朝,并不是西汉,而是前代的秦朝。"子实秦人,矜夸馆室,保界河山,信识昭襄而知始皇矣,乌

---

① 班固:《东都赋》,载《文选》,上海古籍出版社1977年版,第28—40页,关键的"秦岭九嶷,泾渭之川。曷若四渎五岳,带河溯洛,图书之渊?"位于该书39页;《西都赋》中的"睎秦岭,睋北阜"见该书第7页。

睹大汉之云为乎？"秦始皇与他的秦朝已经灭亡200多年了，《东都赋》主人的胜利，似乎是嘴巴赛苏秦，实质源自西楚霸王的怒火和战火。

其二，《西都赋》的客人角色，直观表明了无论是个人心理还是历史地望，秦岭都被严重地边缘距离化了，无论个人心理还是政治地理，秦岭都不再是国都南山，而成为"秦朝之岭"与"远山的呼唤"了。基于前代秦朝的灭亡和东汉王朝的胜利，西都客人与东都主人之间，不会有平等真实的对话，而完全是东都主人对西都客人的"训话"！东都主人对西都客人，用了"子之惑志"，"子实秦人，矜夸馆室，信识昭襄而知（秦）始皇"，"徒驰骋乎末流"诸评定语。西都客人呢，"主人之辞未终，西都宾矍然失容，逡巡降阶，揲然意下，捧手欲辞"，羞愧认同啊！"宾既卒业，乃称曰：'美哉乎斯诗！义正乎扬雄，事实乎相如'"，肉麻赞美啊！"匪唯主人之好学，盖乃遭遇乎斯时也"，与时俱进啊！"小子狂简，不知所裁。既闻正道，请终身而诵之"！

其三，借助对南山的态度评价，东都主人在中国历史上首次开创了王朝地理学："秦岭九嵕，泾渭之川，曷若四渎五岳，带河溯洛，图书之渊？"不用说，"秦岭、泾渭"与前朝（尤其秦朝）连在一起，"四渎五岳"则与今朝（东汉）连在一起。那位可怜的秦人同胞，其实大可不必"矍然失容"，除非面对着的就是当朝皇帝。秦岭、泾渭也罢，四渎五岳也好，乃王朝江山耳。王朝的政治权力是自然的终极与中心，是地理的实质和尺度。就东汉国都洛阳而言，虽然仍在广义秦岭区域，南山之地望毕竟是远了许多、弱了许多、淡了许多。就东都主人而言，谓南山是"秦岭"，固然是与东汉王朝拉开了距离，却拉近了秦王朝与南山的距离，既是秦王朝的幸运也是南山的幸运。就王朝的高度和影响而言，东汉与秦朝能比吗？这是王朝地理创立者——《两都赋》的作者班固完全始料不及的！"《汉书·地理志》是我国历史上第一个以'地理'为名的文献"，"《汉书·地理志》是王朝地理学的成熟的、代表性文本"（唐晓峰）。王朝是从秦开始的，王朝地理学是从《汉书》开始的，"秦岭"的命名则是王朝地理学的王牌军与第一仗。"秦岭"一名的出场，直接拉开了中国王朝地理学之序幕。"秦岭"的命名，直观就是"王朝"（秦）加"地理"（岭）的命名，直接就是王朝地理学的道场。在很大程度上，可以说，秦人开创了王朝国家，秦岭开始了王朝地理学。

东汉班固的王朝地理学，站在当朝皇都洛阳的至尊立场，周秦汉（当然是前汉）的国脉南山，在"秦岭"的陪都河山背景与定性下，立即出现双重贬低：与前朝（秦）相连捆绑，政治地理与形象大为矮小，"矍然失容"于当朝山河。在东汉王朝，"秦岭九嵏，泾渭之川，曷若四渎五岳？"这是秦岭南山政治形象的巨大变化和沦落，此其一。其二，在王朝地理学中，政治权力是地理叙述的决定性与支配性的超越力量。政治地位决定地理形象。于是，气势浩阔、高峻雄伟的南山变成前朝之"岭"——"山"与"岭"的区别，和《说文解字》作者同朝的班固，当然清楚得很！这是王朝地理学的需要，是大臣文人的工作。班固的问题是工作得并不高明，倒颇显笨拙。首先，将西周和西汉两朝抛开，把南山与"秦"完全捆绑，无论前提和结论，都陷《两都赋》的作者班固于困境。其三，将高峻雄伟的南山变成前（秦）朝之"岭"，深犯《说文解字》同朝小学之忌讳。最后，也是最严重的，班固为了王朝地理学的需要，在《两都赋》中竟然将西岳华山从秦岭断开挪走，即是莫大的荒谬之举！殊不知，就自然地理看，中岳嵩山，也在广义秦岭之野。为了贬低秦岭"函谷之可关"，班固竟认为"王者之无外也"！"王者之无外也"，班固本意是吹嘘"王者"之胸怀气魄，却陷自己于虚伪妄言。"王者之无外也"，轻者是对"夷夏之辨"的淡忘，重者是对"中国文明"的无知。

《两都赋》的作者班固出于王朝地理学的逻辑需要，对南山进行了

秦岭戏行

"秦岭"的历史命名。21世纪的今天,在秦岭下生活的学者们,居然数典忘祖,把《两都赋》作者班固的王朝地理学成果,歪戴帽子,弄成了司马迁的《史记》"秦岭,天下之大阻"的虚妄加冕。《说文解字》:"山上可行谓之岭。"用"秦岭"置换"南山",用《汉书》东方朔的"南山,天下之大阻",创造一个"秦岭,天下之大阻"——在这信息与性灵双重污染的世界化时代,倒也罢了。然而,将此非常荒唐的创造,硬要强加给《史记》的作者司马迁,问题就显得严重了!

◎远眺秦岭驿桥遗址

在自然地理学,秦岭属于褶皱—断块山系,是高耸云天的巍峨山脉。"山"者,作为陆地上由土石构成的隆起实体,突出的是相对于平地的垂直隆升与方向。"岭"者,虽隶属于"山",突出的却是"山上可行之道",是大地的平行延伸与方向。因之,《汉书》东方朔的"南山,天下之大阻",文从字顺,堪称名典。而时下杜撰出的《史记》所谓的"秦岭,天下之大阻也",即便从小学(中国古代研究音韵、文字、训诂的学科)看,也是对司马迁的严重侮辱吧!而就司马迁的人格精神高度看,命名南山为"秦岭",就至少是将他降低到《两都赋》作者班固的水平线了。《两都赋》的作者班固,是王朝地理学的重要开创者,《史记》作者司马迁却是王朝地理学的伟大挑战者。

《走进大秦岭》和《大秦岭》三番五次宣称:"秦岭,天下之大阻也"出典于司马迁的《史记》,却拿不出一个具体的文本语境。不过,它们尚不是"秦岭,天下之大阻也"这个结论的始作俑者。地质专家郭贤才先生的《秦岭一名的由来》(原载于《中国地质报》1984年11月12日),已经将"秦岭,天下之大阻也"归于《史记》的记载。①

作为地质专家,用"秦岭,天下之大阻也"宣传秦岭,居功至伟。莫说将南山称之为"秦岭",现代科学将地球称之为"人类村",也有合理性吧。可是,《走进大秦岭》和《大秦岭》,作为人文地理的文化作品,引经据典那么多,名儒宿将那么多,却在"秦岭"命名出典这种基本问题上,张冠李戴,郢书燕说,就完全是另外一种事情,另外一种意味。

---

① 郭贤才:《秦岭一名的由来》(原载《中国地质报》1984年11月12日)之前,张保升《秦岭考略》(《西北大学学报》1982年第1期)也把"秦岭,天下之大阻也"归之于司马迁的《史记》。"秦岭,天下之大阻也"的这种"《史记》说",更早可追溯到清代毛凤枝的《南山谷口考》(见李之勤:《南山谷口考校注》,三秦出版社2006年版,第155页)。

秦王与秦岭

唐太宗李世民为盛唐第二位皇帝，文攻武备，世称明君。在他在位的23年间，唐朝疆域辽阔，政治清明，经济与文化皆至为繁荣，史称"贞观盛世"。李世民称帝前，被封为秦王。秦王李世民在与太子（其兄李建成）和齐王（其弟李元吉）的激烈斗争中，最终胜出，开贞观盛世，是秦地之气的恩泽吗？是秦岭之魂的暗中相助吗？隋文帝开皇十八年（598年），李世民降生于渭河岸边的陕西省武功别馆，后称之庆善宫。唐贞观六年（632年）九月，天下升平繁荣，李世民带领文武百官回到了阔别17年的故乡，故地重游，触景生情，感慨万千，写下《幸武功庆善宫》：

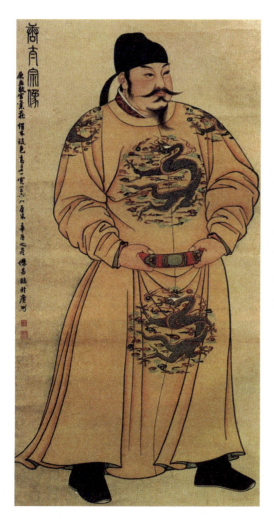

◎唐太宗李世民像

寿丘惟旧迹，鄪邑乃前基。
粤予承累圣，悬弧亦在兹。
弱龄逢运改，提剑郁匡时。
指麾八荒定，怀柔万国夷。
梯山咸入款，驾海亦来思。
单于陪武帐，日逐卫文枕。

端扆朝四岳，无为任百司。
霜节明秋景，轻冰结水湄。
芸黄遍原隰，禾颖积京畿。
共乐还乡宴，欢比大风诗。

据古史记载，"寿丘惟旧迹"中的"寿丘"为黄帝诞生地。屈原《哀郢》有"狐死必首丘"。"寿丘"和"首丘"皆指故乡。《幸武功庆善宫》尾句，即"共乐还乡宴"。《幸武功庆善宫》与秦岭终南山关系密切的几句是："酆邑乃前基"，指西周国都"丰邑"，位于终南山下的户县东北；"梯山咸入款"，写自己在秦岭南北的东征西讨；"端扆朝四岳"，是对西岳华山的巡视朝拜；"芸黄遍原隰，禾颖积京畿"，写秦岭山下丘塬的地望和关中京畿的景象；"欢比大风诗"，指汉高祖刘邦的还乡歌。李世民的还乡歌比刘邦的《大风诗》，要真挚得多，深沉得多，也高雅得多。李世民第二次回武功，是贞观十一年（637年）十月，写有《重幸武功》。其中有"驻跸抚田畯，回舆访牧童"，厚重的关中平原，让唐太宗李世民"回舆访牧童"，显得是多么的清新与美好啊。

在《帝京篇》之一中，李世民以"秦川雄帝宅，函谷壮皇居"，从总体上描写了秦岭之于长安的雄壮与自然美感。在《帝京篇》之五中，又以"桥形通汉上，峰势接云危"具体表达了峰云相接、云横秦岭的壮丽气象。在《经破薛举战地》中还写了秦岭的"浪霞穿水净，峰雾抱莲昏"，

云海浩渺

细腻而深情,清新而壮丽。除了这些对秦岭山水的咏叹赞美外,李世民还有一首以秦岭命名的《望终南山》。南朝吴均在《与朱元思书》中写道:"鸢飞戾天者,望峰息心;经纶世务者,窥谷忘反。"这异常贴切地总结了山水对于人的心灵熏陶和审美影响。李世民生于秦岭脚下,又作《望终南山》歌咏秦岭,秦岭对他的影响可谓深远,他对秦岭的崇敬深沉而真挚。李世民的《望终南山》,无论诗词造诣还是意境风韵,也无论是专题着眼还是深远影响,其以帝王之身的特殊性与尊贵性,千余年来,也恐怕只有共和国开国领袖毛泽东的《水调歌头·重上井冈山》可以与之相提并论,与之媲美吧。

事实上,李世民对秦岭终南山的咏叹赞美也许存在着个人情怀与故事,更为根本的是:秦岭以其绵延的气派,成为唐朝的国脉护法。唐代诗歌,秦岭南北,可谓比比皆是。论道谈玄的南山庙宇,可以说处处皆有。秦岭北麓,皇宫大宅,绿树掩映,鳞次栉比。台湾学者严耕望先生有《唐人习业山林寺院之风尚》专论,意者可参焉。

就政治功能看,秦岭是盛唐的祖山与国脉;就经济资源看,秦岭是盛唐的宝山与靠山;就文化生活看,秦岭则是盛唐的灵山与诗山。盛唐文明与秦岭南山的关系,真谓密哉!如果要选择一个人来代表盛唐与秦岭的鱼水关系,则非李世民莫属。秦王与秦岭,多么亲切、脉气相通啊!在《重幸武功》中,李世民以"代马依朔吹,惊禽愁昔从"和"孤屿含霜白,遥山带日红",表达了深秋秦岭的冷峻萧瑟;在一派冷峻萧瑟的野望中,仍不忘给"遥山"抹上多情的"日红"。在自己的出生地武功,李世民与来犯的薛举、薛仁杲父子有过一次激动人心的鏖战。此战和潼关之外与对刘武周决战的胜利,奠定了李世民无可撼动的军事与政治资本是,甚至奠定了其皇帝形象。《经破薛举战地》诗云:"昔年怀壮气,提戈初仗节。心随朗日高,志与秋霜洁……浪霞穿水净,峰雾抱莲昏。"

李世民的确是卓越的军事战略家,"节"——马鞭频频入诗("武节""高节""仗节")。战争是残酷、冷峻、理性的,李世民选择"秋霜""冰雪""依朔吹"入战争画面。"山",不是"层峦""梯山"就是"登山"。数量意识与奋战意识宛然。"山"的意识是上下移动,"心

◎山高险为峰

随朗日高","志与秋霜洁"。请与"孤屿含霜白,遥山带日红"比较一下吧。同样是面对"秋霜",战争是"日高且朗",和平是"日遥且红"。"孤屿含霜白"和"遥山带日红"对李世民来说,可以分别代表战争岁月与和平日子两种不同的秦岭印象与景观。和平日子让李世民享受,也让他慵懒。《赋得含峰云》写道:"翠楼含晓雾,莲峰带晚云。玉叶依岩聚,金枝触石分。横天结阵影,逐吹起罗文。非复阳台下,空将惑楚君。"皇帝生活,自然是"玉叶依岩聚,金枝触石分"。"玉叶""金枝"缠绕中的秦王,"翠楼"即"莲峰","晓雾"即"晚云"。在《远山澄碧雾》中,李世民写道:"残云收翠岭,夕雾结长空。带岫凝全碧,障霞隐半红。仿佛分初月,飘飖度晓风。还因三里处,冠盖远相通。"享受帝王生活中的李世民,生命基本停止和凝滞,已经日月相仿佛啦!

从"遥山带日红"的战士深情,到"金枝""玉叶"陪伴下慢慢的"日光雾",距离"夕云""残日"当作"初月"的恍惚梦幻,应该是一步深似一步,理固宜然,情形宛然。青年雨果见到奢华享受中的巴尔扎克,说了一句话:"荣耀了,也死了。"还是必须感谢李世民,毕竟是他表现出了帝王那种"荣耀了,也死了"的尊贵生活。于是李世民的秦岭景观就有三个基本阶段与类型:①"孤屿含霜白",凄苍悲慨型;②"遥山带日红",绮丽深情型;③"晓雾"作"晚云",纤秾宫阁型。

按说,"孤"与"遥"是两种类型,是相互排斥的,它们之所以在李世民的《重幸武功》并蒂而出,将战争记忆与和平至尊融为一身,是战士深情与诗人胸襟的一次本真敞露。此种秦岭之美的描写是独特的,真实的,也仅仅属于"秦王"。这种美,可称之为战争与和平的双融性言说,这种双融性言说,构成秦岭对"秦王"的独特之美。李世民还有一首《冬狩》,也有这种双融之美:

烈烈寒风起,惨惨飞云浮。
霜浓凝广隰,冰厚结清流。
金鞍移上苑,玉勒骋平畴。
旌旗四望合,罝罗一面求。

> 楚踣争咒殪，秦亡角鹿愁。
> 兽忙投密树，鸿惊起砾洲。
> 骑敛原尘静，戈回岭日收。
> 心非洛汭逸，意在渭滨游。
> 禽荒非所乐，抚辔更招忧。

狩猎，并且是在皇家上林苑的狩猎，根本不同于和敌人刀光剑影、你死我活的真实战争，与其说是人兽之战，毋宁说是人对兽的野性审美。审美的根本特点是自由性，李世民也就在《冬狩》中随意"戈回""骑敛"。他说并不是自己"懒"（洛汭逸），而是想到"渭滨游"。为什么又不去了呢？是"子在川上曰，逝者如斯夫"响在耳畔吗？肯定是由于一种"忧"，因为"抚辔更招忧"。《冬狩》将战争与和平的矛盾苦闷转换特征，以"禽荒非所乐，抚辔更招忧"表现得很清楚。作为卓越的军事战略家，和平年代让他享受尊贵，也让他苦闷空虚。

在和平年代对战争岁月的回忆，对李世民来说，是深沉、顽强与无限的。李世民不仅"抚辔"且有《吟饮马》，有昭陵六骏的世界传奇。秦岭也就有了《冬狩》这种战争与和平双融的"秦王"吟。秦岭，作为关中的山河象征，也是长安帝京的永恒背景。李世民《帝京篇》里的秦岭，就正吹拂着这种"秦王"御风。由于战争与和平的双融身份，秦王对秦岭之美的吟咏也是双重性的："孤屿含霜白"与"遥山带日红"。用李世民《赋得李》的总结即是："暂顾晖章侧，还眺灵山林。"到了"晖章侧"的暮年残岁，还能把秦岭视作"灵山"，足见唐太宗李世民的伟大卓越，也足见秦王与秦岭之间的默契与胜缘。李世民作为千古明君，生于渭水河畔的武功馆，逝于秦岭南山的翠微寺。秦王与秦岭的殊胜因缘，似有定数于天。

百代始呼大秦岭

历史终于走到了现代。现代虽然包含时间性因素，但更决定于方法论与人文境界。秦岭的人文地理，其现代划分非常复杂。我们愿意提出三个要素作为参考：其一是科学性，现代人文地理必须吸纳现代科学成果；其二是现代人文的知识学立场；其三是多元的整合驾驭能力。现在看秦岭文化地理的当前语境：①以张国伟《秦岭造山带与大陆动力学》为代表的秦岭地质学研究；②以史念海《河山集》为代表的秦岭历史地理研究；③以贾平凹《商州三录》、叶广芩《老县城》为代表的秦岭文学表达；④以《秦岭探访》《大秦岭》为代表的秦岭影视作品；⑤以《西安自然地理》《陕西农业地理》等为代表的自然地理著述。

◎拔仙云海

◎关山晨雾

　　《大秦岭》是陕西省委和省政府主持的大型文化项目。它与终南山"入世"一起构成秦岭走向现代、走向社会、走向世界的标志。在《秦岭探访》之后,《大秦岭》是一部影响广泛、高度成功的影视作品。《大秦岭》之"大",不单指秦岭是一个巍峨广袤的"大"的自然地理实体,也不仅指秦岭是一个深邃悠久的"大"的历史文化载体,更为重要的是,它显示了三秦儿女的大决心、大精神、大期待。秦岭现代人文地理学的研究水平,至为关键!

　　贾平凹的《商州三录》,十五万字。描绘了商州地理上的山明水秀,美丽富饶,表现了商州文化上的野情趣味,神秘传奇。贾平凹笔下的商州,从此走进了文学史,和沈从文的湘西、孙犁的荷花淀一样,把一个充满心灵寄托的故乡,推到了全国读者和秦岭人文地理的研究者面前。《商州初录》写得饱满又精彩丰富,引起了整个华人世界的关注。他不得不续写了第二篇《商州又录》,文字虽然灵气十足,但比起第一篇不论是工夫上还是耐心上,都减弱了很多。但是商州已经成为全国读者期待阅读的一个点。大概一年以后,他又一次重走了商州,又找到了写作的题材,就写了《商州再录》。这一次和第一次一样,充满了新的准备,经历过最初的灵动,他有了自己独特的文化思考。《商州三录》起步于1983年,是迄今

◎秋到秦岭

◎秦岭即景

为止表述秦岭文学最好的作品。

  史念海先生的《河山集》现在出版了9卷。其中涉及秦岭的历史地理研究,精深厚博,内容丰富,和台湾严耕望先生的《唐代交通图考》第三卷《秦岭仇池地区》,为秦岭历史地理研究的双璧高峰。他们的研究成果,成为秦岭现代人文地理继续前进的坚实基础和可靠驿站。

  《禹贡》《山海经》和《诗经》,是广义秦岭"历史地理"的三大经典和权威著作。广义秦岭,用去了《禹贡》三分之二的篇幅;狭义秦岭,也用去了《禹贡》三分之一的篇幅。其中的"华阳、黑水惟梁州。岷、嶓既艺,沱、潜既道。……浮于潜,逾于沔,入于渭,乱于河"[1],是对秦岭南坡的重要叙述和专题研究。"黑水、西河惟雍州。弱水既西,泾属渭

---

[1] 秦岭的名称始见于东汉班固所撰的《西都赋》。这篇赋中说:"睎秦岭,睋北阜"(史念海:《河山集》第九卷,陕西师范大学出版社2006年版,第257页)。

沇，漆沮既从，沣水攸同。荆、岐既旅，终南、惇物，至于鸟鼠。……织皮昆仑、析支、渠搜、西戎即叙"是对秦岭北麓的重要叙述和专题研究。其中的"终南、惇物，至于鸟鼠"，是描述秦岭终南山的。"西倾、朱圉、鸟鼠至于太华"，是描述秦岭华山的。"导嶓冢，至于荆山；内方，至于大别"和"嶓冢导漾，东流为汉"，是描述西秦岭的嶓冢山。从《禹贡》开端，中经《汉书·地理志》到近代众多的《读史方舆纪要》，属于秦岭的历史地理传统研究。

《山海经》是先秦古籍，是一部富于神话传说的最古老的地理书。它主要记述古代地理、物产、神话、巫术、宗教等。对于秦岭文化地理而言，《西山经》最为重要。其中的"华山之首，曰钱来之山，其上多松，其下多洗石。……又西六十里，曰太华之山，削成而四方，其高五千仞，其广十里，鸟兽莫居"，是研究华山的经典名篇。"又西百七十里，曰南山，上多丹粟。丹水出焉，北流注于渭。兽多猛豹，鸟多尸鸠"，是研究终南山的经典名篇。对于秦岭文化地理，《山海经》最重要的是10多处对于昆仑之丘的论述。"西南四百里，曰昆仑之丘，是实惟帝之下都，神陆吾司之。其神状虎身而九尾，人面而虎爪；是神也，司天之九部及帝之囿时。有兽焉，其状如羊而四角。"自从汉武帝将《山海经》中的"昆仑之丘"钦定为西域新疆的昆仑山之后，古昆仑成为聚讼焦点。全国有接近20个地方，都被认做是古昆仑。但我们认为，古昆仑即西秦岭的宝鸡天台山。

《禹贡》是狭义秦岭"历

◎ 高崖孤松

史地理"的经典权威著作,其后继者以《汉书·地理志》为开端代表,我们归到"国脉秦岭"。《山海经》是秦岭神性地理的经典权威著作,其后继者《道德经》为开端经典,我们归到"道观秦岭"。《诗经》是秦岭人文地理的经典权威著作,其后继者以"诗唐南山"为经典代表,我们归到"诗品秦岭"。

秦岭在周朝《诗经》里,被称之为"南山"和"终南山"。在汉唐时期,自班固的《西都赋》"睎秦岭"之后,则"秦岭"与"南山""终南山"共同使用,仍以后者为多。宋元各代,与唐朝基本相同。宋代的苏轼任职凤翔府时,作诗云:"鸡岭云霞古,龙宫殿宇幽。南山连大散,归路走吾州。"明朝"前七子"的何景明在《同王敬夫游至华阳谷闻歌妙曲》中写道:"名邑今重过,终南第一游。山中白云唱,天上彩云流。"到了清代,傅龙标的《牛首山怀古》写道:"南山高亘日苍苍,东流渭水时泱泱。"从汉唐到明清,大抵是"南山""终南山"的名称使用占大多数,而"秦岭"一名居少数。在有唐一代的璀璨诗文中,"秦岭"一词不仅出现的次数少,且常常带有贬义、消极色彩。明清之后,近代以来,无论"秦岭"还是"南山",更是在文本的文明世界里日趋式微,依稀渺茫;不多的涉猎者,多来自于科考性地理著述。正是在近代以来的科考地理著述中,"秦岭"的出现开始多于"南山",成为这座巨大山脉的正式"学名"。

"秦岭"取代"南山",历史用去了差不多三千年的沧桑岁月。《大秦岭》之"大",乃是南山百代复兴之"梦"吧。"大"者,何谓?《孟子·尽心下》告知我们:"可欲之谓善,有诸已之谓信,充实之谓美,充实而有光辉之谓大,大而化之之谓圣,圣而不可知之之谓神。"秦岭之"大",如欲梦想成真,就必须领悟南山的本真之美,就必须回到终南的原初之圣。

第二章
式微式微首阳山

"式微"在古典文化中，是一种黄昏时分望着归巢倦鸟，微茫惆怅、愁容思家的诗韵意境。唐代崔璞有"作牧渐为政，思乡念式微"（《蒙恩除替将还京洛偶叙所怀因成六韵呈军事院》）。王维《渭川田家》的尾句吟道："即此羡闲逸，怅然吟式微。"王维是唐朝山水诗大家，《渭川田家》是山水诗的代表作，是"式微"情深和田园牧歌的审美绝唱。让我们一起欣赏《渭川田家》吧：

> 斜阳照墟落，穷巷牛羊归。
> 野老念牧童，倚杖候荆扉。
> 雉雊麦苗秀，蚕眠桑叶稀。
> 田夫荷锄至，相见语依依。
> 即此羡闲逸，怅然吟式微。

首句"斜阳照墟落，穷巷牛羊归"，就点出黄昏时分、牛羊牧归的"式微"主题氛围。"野老念牧童，倚杖候荆扉"，是黄昏时分，田家老翁等候自己的牧童啊。他口里念叨、倚杖等候，多么细腻逼真啊。也

© 西望首阳山

许是田家老翁有些焦急了吧,他漫步在绿秀麦田,走到饱蚕眠卧的稀落桑林。碰见锄地回来的乡亲,老翁立即与之聊起天来。聊天中,老翁有一句话是免不了的:"我家娃,你可看见了吗?"老翁倚杖,田夫荷锄,桑林麦田畔,相见语依依。看到此情此景,诗人不免会想着那位尚未回家的牧童;更重要的是,通过《渭川田家》,诗人在想着他自己情感上的精神家园吧。山水因田园而温暖与幸福,田园因山水而美丽与富足。田家"野老念牧童",诗人自己不禁"怅然吟式微"。在《渭川田家》温暖幸福的田园牧歌中,羡慕不已、惆怅万分的诗人,终于禁不住咏起《诗经·式微》来:"式微式微,胡不归?微君之故,胡为乎中露?式微式微,胡不归?微君之躬,胡为乎泥中?"(黄昏了,黄昏了!晚霞将逝,晚霞将逝!我等待的人啊,为何还不回家。你在泛着夜色的白露中,还是在关中泥泞的路上?等待着,等待着,我等待着你呐!)

今译将"关中"明确加入了诗的意境,是因为《式微》的发生地应该就是先秦时的《渭川田家》吧。《式微》属于《邶风》,即北部区域,《式微》前一首的《谷风》明确写道:"泾以渭浊,湜湜其沚。宴尔新婚,不我屑以。毋逝我梁,毋发我笱。我躬不阅,遑恤我后。"

　　　　　清澈的泾河水呀,
　　　　　由于渭河而染浊。
　　　　　但它的上游 ——
　　　　　仍有澄亮的河湾。
　　　　　在你新婚的当日,
　　　　　高朋满座的喜宴,
　　　　　已经完结之后 ——
　　　　　你仍不屑理我啊!
　　　　　懒得撒网了,
　　　　　懒得捕鱼了,
　　　　　我已多余 ——
　　　　　遑论以后有人来怜恤!

今译表明，《式微》与《谷风》一样，是一首爱情伤怀作品，是"家"遇到危机时的心灵悲唱。如果不如此理解，那就无法理解崔璞"思乡念式微"，也无法理解王维的"怅然吟式微"了。王维诗写得很明白，对"渭川田家"他是羡慕留恋的感情，面对先秦"渭川田家"的"式微不归"感到遗憾，对自己的归宿家园"怅然"。除这两重因素外，王维最"怅然"的，应该还是对"采薇"于首阳山的伯夷的感念。王维《偶然》写道："楚国有狂夫，茫然无心想……未尝肯问天，何事须击壤。复笑采薇人，胡为乃长往。"

《偶然》中，王维认为接舆（楚狂人）击壤的激烈悲慨，完全没必要，《渭川田家》有的是美景幸福啊！在《渭川田家》的恬淡、和谐、幸福的山水中，甚至于伯夷、叔齐的"义举"也变得可笑。渭川田家是如此之美，完全可以"诗意地栖居"，何必要远离，一去不复返呢？在秦岭的田园风光之"美"中，举世高誉的"义人"之行（采薇）遭到质疑；"美"超越了"义"，河山高出了"社稷"啊。

伯夷、叔齐的故事非常著名，异常感人。其超常之举已够使人迷惑，现在王维的超越之感又让人迷茫。

诗经·采苓

采苓采苓，首阳之巅。人之为言，苟亦无信。舍旃舍旃，苟亦无然！人之为言，胡得焉？

采苦采苦，首阳之下。人之为言，苟亦无与。舍旃舍旃，苟亦无然！人之为言，胡得焉？

采葑采葑，首阳之东。人之为言，苟亦无从。舍旃舍旃，苟亦无然！人之为言，胡得焉？

在《诗经·采苓》优美歌唱之后，《论语》和《庄子·让王》都记载了伯夷叔齐在首阳山上的采薇故事。司马迁的《史记》不仅有《伯夷列传》，而且是列传第一：

伯夷、叔齐，孤竹君之二子也。父欲立叔齐，及父卒，叔齐让伯夷。伯夷曰："父命也。"遂逃去。叔齐亦不肯立而逃之。国人立其中子。于是伯夷、叔齐闻西伯昌善养老，盍往归焉。及至，西伯卒，武王载木主，号为文王，东伐纣。伯夷、叔齐叩马而谏曰："父死不葬，爰及干戈，可谓孝乎？以臣弑君，可谓仁乎？"左右欲兵之。太公曰："此义人也。"扶而去之。武王已平殷乱，天下宗周，而伯夷、叔齐耻之，义不食周粟，隐于首阳山，采薇而食之及饿且死，作歌。其辞曰："登彼西山兮，采其薇矣。以暴易暴兮，不知其非矣。神农、虞、夏忽焉没兮，我安适归矣？于嗟徂兮，命之衰矣。"遂饿死於首阳山。

周武王，世之明君，在伯夷、叔齐兄弟俩的绝对尺度面前，仍然无法接受。相互"让王"，没有丝毫名利功名之心，尽管难能可贵，也非绝无仅有，佛陀是古代例子，现代有爱德华二世的例子。佛陀追求解脱，爱德华源于爱情，伯夷、叔齐兄弟因为什么呢？简单说，源于他们心中的"义"！史家认为伯夷、叔齐知"义"，而不知道"宜"，诗人王维认为不必要。分歧归分歧，伯夷、叔齐的故事已是华夏经典，文明美谈。李白作为诗人，明确认同王维的"无必要"观点，他的《行路难》写道："有耳莫洗颍川水，有口莫食首阳蕨。含光混世贵无名，何用孤高比云月？"伯夷、叔齐自己未必求名，他们采薇首阳山的历史故事却非常著名。现在，国内知名的首阳山有6个：河北迁安首阳山、甘肃渭源县首阳山、山西永济市首阳山、河南偃师市首阳山、山东昌乐县首阳山、陕西户县与周至交界的首阳山。陕西户县与周至交界的首阳山，即秦岭终南的首阳山。根据司马迁《史记·伯夷列传》记载："于是伯夷、叔齐闻西伯昌善养老，盍往归焉！及至，西伯卒，武王载木主，号为文王，东伐纣。伯夷、叔齐叩马而谏……"比较而言，伯夷、叔齐兄弟采薇的首阳山，应该位于西北地区秦岭终南首阳山的可能性更大一些：这里正是文王的京都沣邑之地。伯夷、叔齐闻文王贤明，来到沣邑，去距离20千米外的秦岭终南首阳山的可能性应该最大吧。《庄子·让王》记载的内容是：

昔周之兴，有士二人处于孤竹，曰伯夷、叔齐。二人相谓曰："吾闻西方有人，似有道者，试往观焉。"至于岐阳，武王闻之，使叔旦往见之，与盟曰："加富二等，就官一列。……今周见殷之乱而遽为政，上谋而下行货，阻兵而保威，割牲而盟以为信，扬行以说众，杀伐以要利，是推乱以易暴也。吾闻古之士，遭治世不避其任，遇乱世不为苟存。今天下暗，周德衰，其并乎周以涂吾身也，不如避之，以吾行。"二子北至于首阳之山，遂饿死焉。①

与《史记·伯夷列传》比，《庄子·让王》的记载更加具体明确：伯夷、叔齐"至于岐阳"；"二子北至于首阳之山"，几乎可以断定，伯夷、叔齐来到了秦岭终南的首阳山。

---

① 方勇译注：《庄子》，中华书局2011年版，第502页。

◎《采薇图》（李唐）

秦岭终南首阳山，位于今西安市户县和周至交界，是两县边界白马河的发源地。其东是涝峪西汉高速公路，其西是道教楼观台。这里海拔2720米，北望是辽阔的关中平原，东边是低山丘陵。每天清晨，自然会迎来第一束朝阳，因之伯夷、叔齐叹曰："奇哉美哉首阳山。"首阳山因而得名，这里又叫香山，香山居士白居易赋诗多首。这里也是佛教的观音山，还有白马河的美丽传说。伯夷、叔齐在首阳山去世后，儒家尊二人为圣贤，道家尊二人为大太白神和二太白神。首阳山庙宇林立，景点众多，文化积淀深厚，留下许多美丽神奇的传说。其他各兄弟省份的首阳山，也有自己的来历吧，也都源于对伯夷、叔齐的由衷赞叹吧。果如此，伯夷、叔齐兄弟可谓幸矣，他们纯洁的灵魂可以安息了。

神农迁徙《黑暗传》

在《道德经》里，老子有一句显得太过冷峻的名言："天地不仁，以万物为刍狗。圣人不仁，以百姓为刍狗。"俗话说："天有不测之风云，人有旦夕之祸福。"其实，从"天人合一"的关系看，风云难测，可以导致人的祸福；天地不仁，也可以让百姓为刍狗。比起平原的风云，秦岭山中的风云，尤为难测，也更为直接地给人们带来祸与福、忧愁和喜乐，风调雨顺，山神保佑，秦岭的山民就会庄稼丰收，生活幸福。反之，非旱即涝，颗粒无收，就直接面对愁云密布的黑暗生活。先说秦岭山区之旱吧。

2006年9月28日《新华纵横》中《直击安康旱灾》报道："陕西省安康市位于秦岭南麓，它所辖的九县一区在今年6、7、8三个月连续出现了罕见的少雨干旱、持续高温天气，遭受了50年不遇的旱灾，而流经安康市的汉江更是出现了自1935年汉江有水文记录以来的最低水位。全市112座水

威严的秦岭

库、1.5万个堰塘和43万口水窖的蓄水基本耗完,其中有35万人饮水困难,预计今年秋粮将总体减产30%,受旱灾的影响,部分困难家庭今年秋冬的生活都难以维持。"

与旱灾相对应的是涝灾。2010年7月中旬,陕南安康市出现了继1983年以来最大的洪涝灾害。《三秦都市报》记者张毅伟、冀晖等报道:"7月21日上午,经受山洪、泥石流侵袭之后的岚皋县四季乡再次遭到山体滑坡的威胁,百万平方米山体出现险情,住在山下的200余群众紧急撤离。据了解,木竹村失踪的20人中14人尸体已经找到,目前仍有6人失踪,搜寻工作仍在进行。"

秦岭山区,历史上的旱涝灾害也许更为严重。与今日信息的方便发达比,秦岭山区历史上的旱涝灾害,更多存储于人们的黑暗记忆之中;自然界的旱涝灾害,无疑是山区人民历史上最深刻的黑暗记忆。战争和匪乱又是山区人民对历史的黑暗记忆。自然的黑暗记忆、历史的黑暗记忆,是山区带有普遍性的集体意识。就秦岭山区尤其秦岭东南的陕南地区和湖北神农架地区而言,除了自然的黑暗记忆和历史的黑暗记忆之外,他们还有一个文明传说的黑暗记忆:这就是围绕着炎帝神农的精神祭奠与追思。历史上的旱灾,有后羿射日的神话传说。历史上的洪灾,既有大禹治水的伟大文明,还有精卫填海的深刻寓言。精卫填海的寓言之所以深刻,就在于它是双重的黑暗记忆:一方面,它是对自然界洪灾的黑暗记忆;另一方面,它是对历史悲剧的黑暗记忆。精卫是炎帝神农的女儿,炎帝在与黄帝部落的阪泉之战中失败了。阪泉之战的具体位置,今日有几种说法。"阪泉之战"中的"泉",已经透露了战争中的"水"的消息。作为炎帝神农的女儿,精卫填海无疑包括了"阪泉之战"中对"水"的黑暗记忆。阪泉之战的具体位置,尽管人们尚有分歧,阪泉之战发生于秦岭以北的关中和中原地区则毫无疑问。阪泉之战后,中原地区的炎帝与黄帝部落实行了大融合,构成炎黄文明。从秦岭北麓中原地区长途跋涉,翻山越岭到了秦岭东南角落的炎帝部落成员,生活于湖北省神农架地区,由于地理的独立封闭,仍然保持了对文明初期的黑暗记忆。这就是秦岭东南神农架地区,出现《黑暗传》的基本缘由和背景。

《黑暗传》被誉为"汉民族第一部神话史诗",于20世纪80年代发现于湖北神农架山区。神农架,属于广义秦岭山系的东南部区域,丹江汉水之南岸,陕、豫、鄂三省交界之地;从纬度上看,处于北纬32°上下、与陕西安康东西平行。神农架的命名本身,即来自于炎帝部族的迁徙活动。

《黑暗传》的内容风格由三个要素构成:①北方平原的华夏神话;②南方巴楚的巫术活动;③山区民间的歌谣形式。

其《开场歌》:"盘古分了天和地""神农皇帝尝百草"和《天地玄黄》中的"昆仑之山产万物""无极太极有两仪""重整山河分九州",其北方文明的华夏内容与框架非常清楚。而当北方华夏文明已走上"理性化"道路的时候,地处绝岭高山的巴楚仍保持"巫术化"。渭河北方的"理性化"特征,我们可以姜子牙和老子为例证。姜子牙在伐殷商之前,按照传统卜了一卦,结果是"凶",姜子牙即将卜龟扔在地上,按照人的判断继续进行灭商的战争步伐。老子是春秋人,在终南山所著的《道德经》中已写道:"以道莅天下,其鬼不神。非其鬼不神,其神也不伤人。非其神不伤人,圣人亦不伤人。"这说得多么清楚、深刻与沉痛啊!神话伤人、巫术伤人、政治伤人的理由和黑暗性,以

◎奔腾不息巨灵意

道观之，应该告别历史了！"道"既是人的理性也是人的灵性。与姜子牙的政治军事理性和《道德经》的天地人理性态度相反，在秦岭的东南方，政治军事失败了的屈原，一方面写出对神话历史充满怀疑的《天问》，一方面仍创作来自于天堂的人间《九歌》：包括玉皇大帝的《东君太一》、云神的《云中君》、水神《河伯》与《山鬼》。李振华先生指出："山鬼即山神，这首诗的山神指的是巫山神女。""巫山"，所有巫术、巫女和巫活动的山啊！所谓"理性"，即已有个体判断的灵性之光。而巫术，即主体尚未走上理性化之道。尚未获得灵性之光，所面对便仍然是黑暗世界与世界黑暗："余处幽篁兮终不见天"，是主体世界黑暗；"杳冥冥兮羌昼晦"，是客体黑暗世界。与屈原个体高级的《山鬼》吟唱相比，《黑暗传》是巴楚民间的神话史诗："黑水平天下""天地玄黄""阳间没有阴间强"……悲惨的苦难记忆、神话的黑暗美学如出一辙，符契若节。如果说《黑暗传》巫术民谣成分来自于深山绝岭中的巴山楚水，它的华夏内容则是神农氏迁徙带过去的。炎帝部落从秦岭西北宝鸡地区，迁徙至秦岭东南神农架地区的背景过程，唐群的《炎帝和炎帝陵》一书，所述甚详。

  《黑暗传》的出现，给秦岭的文化分水岭意义予以戏剧性对比。在秦岭西北方向的终南山，2000年前已经出现了《道德经》的超然的深湛灵性。在秦岭东南方向的神农架，2000多年来，民间一直传唱着浑然神话的《黑暗传》巫歌。这既可以视作秦岭西北终南山和东南神农架的太极对应，也可以看成《道德经》和《黑暗传》的山歌对唱。

茶马丝路帝女桑

历史上有著名的丝绸之路。丝绸之路的中心城市是汉唐首都长安。丝路的开创者是秦岭汉中的张骞。丝绸之路,形成于两汉时期,它东面的起点是西汉的首都长安(今西安),经陇西或固原西行至金城(今兰州),然后通过河西走廊的武威、张掖、酒泉、敦煌四郡,出玉门关或阳关,穿过白龙堆到罗布泊地区的楼兰。汉代西域分南道北道,南北两道的分岔点就在楼兰。北道西行,经渠犁(今库尔勒)、龟兹(今库车)、姑墨(今阿克苏)至疏勒。南道自鄯善(今若羌),经且末、精绝(今民丰尼雅遗址)、于阗(今和田)、皮山、莎车至疏勒。从疏勒西行,越葱岭(今帕米尔)至大宛(今费尔干纳)。由此西行可至大夏(在今阿富汗)、粟特(在今乌兹别克斯坦)、安息(今伊朗),最远到达大秦(罗马帝国东部)的犁靬(又作黎轩,在埃及的亚历山大城)。丝绸之路是个形象又贴切的名字。中国是最早开始植桑、养蚕、生产丝织品的国家。

丝绸之路与秦岭南坡北麓的茂盛桑林直接相关。《诗经·南山有台》唱云:"南山有桑,北山有杨。乐只君子,邦家之光。"《诗经·桑柔》唱云:"菀彼桑柔,其下侯旬,捋采其刘。瘼此下民。"《诗经·桑扈》中的"交交桑扈,有莺其羽。君子乐胥,受天之祜",描写了秦岭桑林中的鸟儿翻飞和人文生活。《诗经·丝衣》中的"丝衣其紑,载弁俅俅。自堂徂基,自羊徂牛",则写的是源于蚕桑的丝绸衣饰和祭祀礼仪。而《易经·系辞》:"其亡其亡,系于苞桑",写的又是在殷纣王迫害下,周文王在终南山茂密桑林中的逃亡生涯。在《诗经》之后,唐代诗歌更以"绿树村边合,青山郭外斜。开轩面场圃,把酒话桑麻"(孟浩然《过故人庄》),"野老念牧童,倚杖候荆扉。雉雊麦苗秀,蚕眠桑叶稀"(王维《渭川田家》),"今我何功德,曾不事农桑。吏禄三百石,岁晏有余

◎豳风图之一

粮"（白居易《观刈麦》），把秦岭山下的农桑田园景象推进人类永远的文明世界。特别是，白居易在终南山下周至县任职时所作的《观刈麦》，"农桑"并提，可见桑林、养蚕、丝绸商业在秦岭一带的发达繁荣！今日，秦岭终南山，仍然有桑镇、桑树园、乌桑峪和众多的桑树坪。汉唐两朝用丝绸、茶叶，换回西域民族的千万马匹，为历史上茶马互市的重要先声。茶马互市的最重要区域，即丝绸之路和秦岭古道。

20世纪80年代，差不多与《丝路花雨》在"京畿"长安与北京相继盛演的同时，人民教育出版社的高中英语文章 Lady Silkworm（蚕花娘子），不仅将"蚕花娘子"的美丽给了杭州姑娘，并且将"桑林""蚕茧"以及丝绸的起源，都从秦岭"南移"到了西湖两岸。《易经·系辞》："其亡其亡，系于苞桑。"流失的秦岭古代文明，看来也得"系于苞桑"啊！

"桑林""蚕茧"以及丝绸的起源，从华夏文明的高度看，无疑是来自炎帝神农。《神农本草经》记载："桑叶苦、甘、寒,归肺、肝经,具疏散风热、清肺润燥、平肝明目、凉血止血之功效。"今日桑树科中，尚有神农桑。神农发明桑，属于《神农本草经》的众多发现之一。神农氏起步于西秦岭陈仓宝鸡，后迁徙于巴山高岭的湖北神农架。苏杭的丝绸文明，应该是神农氏部落抵达湖北神农架后，进一步沿着江汉水陆交通传播的。今日在西秦岭的宝鸡地区，不仅流传着众多的神农桑故事，还盛传着帝女桑的优美神话。

　　《太平御览》引用《广异记》记载："南方赤帝女学道得仙，居南阳愕山桑树上，正月一日衔柴做巢，至十五日成，或作白鹊，或女人。赤帝见之悲恸，诱之不得，以火焚之，女即升天，因名帝女桑。"炎帝的二女儿向神仙赤松子学道，后修炼成仙，化为白鹊，在南阳愕山桑树上做巢。炎帝见爱女变成这般模样，心里很难过，叫她下树，她就是不肯。于是炎帝用火烧树，逼她下地，帝女在火中焚化升天。这棵大树就被命名为"帝女桑"。《山海经·中山经》："又东五十里曰宣山……其上有桑焉，大五十尺，其枝四衢，其叶大尺馀，赤理黄华青柎，名曰帝女之桑。"唐上官仪《春日》诗："花轻蝶乱仙人杏，叶密莺啼帝女桑。"亦省作"帝桑"。唐卢照邻《山林休日田家》诗："径草疏王彗，岩枝落帝桑"。帝女桑，来自于帝女"丧"啊！帝女桑的蔚盛美景，来自于炎帝女儿魂血的美丽升华。如果 *Lady Silkworm* 能参考一下《宝鸡炎帝传说》，尤其参考一下其中的"帝女桑"神话，那么，"蚕花娘子"的善良形象，一定会更为美丽感人。

骊山晚照烽火台

在某种程度上,盛唐乃是华夏文明的顶峰与绝唱,也是秦岭人文地理辉煌时期的挽歌和晚照。骊山晚照是一种超越象征意义的历史深沉启迪。

唐朝之后,经过五代之乱,陈桥兵变,赵匡胤黄袍加身建立了宋朝。北宋末,二帝被掳,发生了"靖康耻"和"臣子恨"。南宋退到长江流域,华夏文明的故乡黄河流域,已在今日少数民族同胞的祖先——先是女真族金国,后是蒙古族元朝的金戈铁马面前,换代易主。南宋偏安一隅的京都"临安"与汉唐闻名世界的"长安",仅就名称而言,是怎样的一种对比鲜明的不同意味啊!南宋之后,蒙古民族进驻中原,建立元朝。中经朱明一朝,又是满族的大清王朝。大清王朝覆灭,中国进入近代社会,沦为半封建半殖民地国家。华夏国家的文明江山,真正是风烛残年,苟延残喘,日暮途穷,金鼎半毁!与此对应,唐朝之后,长安的国都历史宣告终结,秦地与京畿历史开始告别。

◎骊山楼阁

周秦汉唐，定都于关中长安，不仅地理位置稳定，天下意识和图景也相对稳定明确。尤其汉唐两朝，既以盛世著称，亦显出相当开放、宽容、大气的天下意识与图景。而其他非定都于关中长安的王朝，要么短命，要么动荡，要么孱弱，既无明确大气建设性的天下意识和图景，也无以天下为己任的风范与中心的首都的气概。正是在这种背景下，沙学浚等学者才说："自唐以后，即西安丧失了首都位置价值以后，中国几乎不曾有过'首都'。"

盛唐之后，国力式微，华夏黯淡；骊山晚照，在文明的记忆和体味中，确是李商隐的"夕阳无限好，只是近黄昏"。骊山为关中著名的风景游览胜地，因系西周时骊戎国地，故名。骊山是秦岭山脉的一个支脉，东西横亘25千米，南北宽约13.7千米，海拔1302米。自然景观秀美，文物景点驰名中外。远在上古时期，传说这里曾是女娲"炼石补天"之处；西周时，周幽王在此烽火戏诸侯；唐朝时，唐玄宗、杨贵妃在此演绎了一出凄美的爱情故事。山下华清池内有玄宗和贵妃洗浴池遗址。稍远处有秦始皇陵墓、秦兵马俑坑。1936年12月12日，震惊中外的"西安事变"就发生在骊山脚下。

西周末代君主周幽王在位时，各种社会矛盾急剧尖锐化，政局不稳，地震、旱灾屡次发生。幽王却变本加厉地剥削贫苦民众，任用贪财好利善于逢迎的虢石父主持朝政，引起国人怨愤。他又听信宠妃褒姒的逸言，废掉王后申后及太子宜臼（申后之子），立褒姒为后，立褒姒之子伯服为太子。申后与宜臼逃回申国。周幽王为

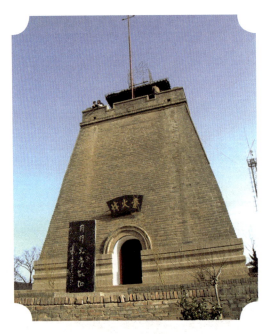

◎烽火台

博取褒姒一笑，出重金下令群臣献计，虢石父献上了"烽火戏诸侯"的计策。大臣郑伯友劝阻，周幽王不听，在骊山上点起烽火。临近的诸侯看到烽火台上起了狼烟，以为犬戎进犯，赶快带领兵马来救。不料赶到时，只听到山上一阵阵奏乐和唱歌的声音。幽王烽火戏诸侯果然博得褒姒一笑，但也失信于诸侯。后来周幽王听到犬戎进攻镐京的消息，惊慌失措，连忙下令把骊山的烽火点起来。烽火倒是燃起来了，可是诸侯因为上次上了当，谁也不来理会他们。公元前772年，申侯联合缯国和犬戎举兵攻打西周，各地诸侯拒不救援，幽王惨败，带着褒姒、伯服等人和王室珍宝逃至骊山，后被杀。犬戎攻破镐京，西周遂亡，史称"烽火一笑失天下"。这是汉民族国家第一次遭到少数民族"教训"，也是骊山晚照烽火台的首次历史亮相。

秦始皇帝陵是中国第一座皇家陵园，在中国近百座帝王陵墓中，以其规模宏大、埋藏丰富著称于世。它南依层峦叠嶂、山林葱郁的骊山；北临逶迤曲转、似银蛇横卧的渭水。高大的墓冢在巍巍峰峦环抱之中，与骊山浑然一体，景色优美，环境独秀。有人赞誉说：古埃及金字塔是世界上最大的地上王陵，中国的秦始皇帝陵就是世界上最大的地下皇陵。"秦王扫六合，虎视何雄哉""刑徒七十万，起土骊山隈"（《古风·秦王扫六合》）。这脍炙人口的诗句出自大诗人李白笔下，既讴歌了秦始皇的辉煌业绩，也描述了建造骊山陵墓工程的浩大气势。秦始皇13岁亲政，陵园营建工程也就随之开始了。丞相李斯为陵墓的设计者，大将军章邯负责监工。到公元前208年完工，历时38年，时间比埃及胡夫金字塔还要长8年。前后共征集了72万人力，几乎相当于修建胡夫金字塔人数的8倍。

秦始皇帝陵，建在骊山，也是这位"横扫六合，虎视何雄"的千古一帝的"骊山晚照烽火台"。毁掉秦始皇骊山陵墓和江山的，是项羽的心中怒火和手中烽火。

"骊山晚照烽火台"的最后隆重演出便是在唐朝。唐朝的"骊山晚照烽火台"，华清池替代烽火台，成为重要角色。华清池位于西安东约30千米的临潼骊山脚下北麓，是中国著名的温泉胜地。周、秦、汉、隋、唐等历代帝王都在这里修建过行宫别苑，以资游幸。冬天利用温泉水在墙内循

◎ 华清池

环制成暖气,每当雪花飘舞时,到了这里便落雪为霜,故名飞霜殿。相传西周的周幽王曾在这里修建骊宫。秦、汉、隋各代先后重加修建,到了唐代又数次增建,名曰汤泉宫,后改名温泉宫。到了唐玄宗时又大兴土木,治汤井为池,环山列宫殿,此时才称华清宫。因宫在温泉上面,所以也称华清池。唐代华清池是帝王妃嫔游宴的行宫,每年十月到此,第二年春天才返回。唐天宝六年(747年)扩建后,唐朝第七个皇帝唐玄宗每年偕杨贵妃到此过冬沐浴,在此赏景。据记载,唐玄宗从开元二年(714年)到天宝十四年(755年)的41年时间里,先后来此达36次之多。飞霜殿原是唐玄宗和杨贵妃的寝殿。白居易《长恨歌》就写道:"春寒赐浴华清池,温泉水滑洗凝脂。侍儿扶起娇无力,始是新承恩泽时。"

"安史之乱"使唐玄宗梦破碎、贵妃亡。唐朝的"骊山晚照烽火台"正式亮相。唐朝天宝十四年十一月初九(755年12月16日),身兼范阳、平卢、河东三节度使的安禄山趁唐朝内部空虚腐败,联合同罗、奚、契

◎华清出浴图

丹、室韦、突厥等民族组成共15万士兵，号称20万，以忧国之危，奉密诏讨伐杨国忠为借口在范阳起兵。当时国家承平日久，民不知战，河北州县立即望风瓦解，当地县令或逃或降。后来，洛阳失守，潼关告破。天宝十五年（756年），安禄山、史思明军队占领长安都城。唐玄宗于六月十三日凌晨逃离长安，到了马嵬坡（今陕西省兴平市西北11.5千米），途中将士饥疲，六军不发，龙武大将军陈玄礼请杀杨国忠父子和杨贵妃。杨国忠被乱刀砍死，玄宗命令高力士缢死杨贵妃。诗人白居易写下风情万千、令人欷歔不已的浪漫绝唱《长恨歌》。"安史之乱"的主力部队，是安禄山部队和同罗、奚、契丹、室韦、突厥等少数民族组成的15万联军。安禄山本人，其先祖是西域粟特贵族，因功受唐王朝赏封赐姓安。唐朝的"骊山晚照烽火台"和西周的"骊山晚照烽火台"有着惊人的相似：①帝王因美人失去江山；②少数民族的参与主乱。白居易《长恨歌》和后来南宋岳飞"臣子恨"的历史区别是：白居易的《长恨歌》，恨歌虽长，仍有尽时；而岳飞的"臣子恨"，才真正是"此恨绵绵无绝期"了！

　　唐代之后，华夏民族国家不再以秦地为京畿，而"骊山晚照烽火台"的悲剧，变得更加让人窒息和绝望。

降龙日落白鹿原

"塬",是"台塬"的简称。地貌上,"台塬"低于崇山,高于平原,是崇山与平原、石质与土壤的结合部与混合区域。由于受高山流水的长年侵蚀切割,山前丘陵地带形成相对独立而隆起的"台子",地貌学上称之为"台塬"。如关中文明历史上,就有著名的五丈原、乐游原、杜陵原和白鹿原。西安东南郊的白鹿原,东有灞河,西过浐水,北瞰关中平原,南望高兀秦岭,是长安古都台塬地貌的典型代表。与白鹿原隔浐河对峙相望的,是杜(少)陵原。杜陵原东边是浐河,西边是潏河,比白鹿原低矮,王风御气,诗韵隽永,两者相若。从文化人类学眼光看,台塬地貌

◎白鹿原樱桃园

至少有三大人文意义：①人类先民的摇篮；②登高的节日审美性；③降龙栖凤的皇家墓园区。白鹿原东边的蓝田猿人遗址，已是闻名世界的人类先民的永远纪念遗址。宝鸡的姜城堡，从地貌学上看，一眼望去就是夹在秦岭与河谷之间的丰美台塬，是炎帝神农氏的故乡。最为朴素地看，台塬成为先民们的摇篮乃与水有关：洪水暴发，登上塬顶可以避过洪流；干旱少雨，可下到谷底的河流汲水。和蓝田猿人先民遗址南北相望的，是闻名于世的半坡遗址。"半坡"，多么形象，直观而生动啊！它的名称，多么传神地道出了"台塬"与人类摇篮的胞胎血缘！

说到台塬之于人类的登高审美节日意义，也许举出乐游原的名字就够了。"乐游"就表明了人类对"台塬"审美节日意义的自觉与发现。平原太低，不具有登高望远的节日审美诉求，崇山太高，又不具备节日审美的日常品格。相形之下，只有不高不低的台塬地貌，乃是人类节日审美理想的登高之地与"乐游"之所。王维脍炙人口的"遥知兄弟登高处，遍插茱萸少一人"——这"一人"，即王维，当时也许就在长安的乐游原或少陵原上。

李白《杜陵绝句》写道：

南登杜陵上，北望五陵间。
秋水明落日，流光灭远山。

李商隐《乐游原》写道：

向晚意不适，驱车登古原。
夕阳无限好，只是近黄昏。

王维《九月九日忆山东兄弟》写道：

独在异乡为异客，每逢佳节倍思亲。
遥知兄弟登高处，遍插茱萸少一人。

三首唐诗，皆名家名诗，各有特色风格。比较而言，以王维的《九月九日忆山东兄弟》为佳。李白大气磅礴，只有太白山那样的崇山峻岭，或者太华山那样的峭拔绝岩，才能够激发出他的创作冲动，杜陵原显然未能激起李白的激情灵感。《杜陵绝句》也只是在写景中，流露出平静中的迷蒙。李商隐的《乐游原》，一向为人称道的是"夕阳无限好，只是近黄昏"。其妙处是："驱车登古原"本来是为了排遣"意不适"的苦恼，"无限好"的夕阳美景似乎满足了诗人的初衷和愿望。夕阳是"无限好"，小小的"意不适"何足道！刚刚打发走"向晚"的"意不适"，"近黄昏"的夕阳又引起新的惆怅。"只是近黄昏"的"只是"甚妙，"无限好"中的满足，"近黄昏"中的缺憾，审美心理的辩证法，由"只是"独扛。而只有在空间地貌上，登上乐游原，才能在时间上多留一会儿"无限好"的夕阳美景的道理，尽在其中了。与《乐游原》相比，王维的《九月九日忆山东兄弟》胜在审美文化学：其一，"九月九日"，是华夏重阳节，是"佳节"。节日是人类文化学的重要课题，有超越个体心理的普遍品格。其二，华夏文明的重阳节，有登高习俗。王维即在重阳节来到西安南郊的乐游原。据说此诗是王维17岁所作。真如此，王维才情上不服李白，还是因为有资本吧。

　　秦岭台塬地貌最为直观或壮观的历史功能，还是作为帝王们的日落墓地。陕西共有89座帝王陵。这一座座埋藏在地底下的"金字塔"，让中华文明发祥地和梦幻中心的陕西，变得更加扑朔迷离，神秘莫测，辉煌大气。帝王陵墓崇尚厚葬，藏龙栖凤，堆金砌玉，大量奇珍异宝被埋藏在三秦大地。每一座帝王陵都是一座历史文化宝库。西汉十一陵分布两地：一处为汉长安城北至西北的咸阳塬陵区；另一处即长安城东南陵区，包括白鹿原至杜陵原一带，分别有文帝霸陵和宣帝杜陵。诸陵中，以汉文帝霸陵和骊山秦皇帝陵，与秦岭北麓台塬的关系最为密切和典型。

　　中国古代帝王陵寝的本质，先是被风水方士弄得虚诞，后被历史学者搞得繁琐，既无"乾以易知，坤以简能"的古典洞悟，更乏明快阳刚的现代眼光。倒是吕思勉"风水之始，避风及水而已"，差不多天机道破。何以"避风及水"？我们看《三国演义》第一百零四回对诸葛亮在五丈原的

◎春光旖旎白鹿原

描述："孔明强支病体……自觉秋风吹面，彻骨生寒……"罗贯中的几句文学描述胜过千册的史书记录，揭示了皇陵风水避风及水的根源与本质。台塬地理，既避风也避水，还能兼顾看护墓园的方便程度。避风，台塬体制隆起高大；避水，台塬地累积层土层；"方便"指交通的易达与都城的近距。因之，围绕都城南北的台塬被誉之为"龙岗"，是降龙魂归之地，是凤栖落日之所。有意思的是，诸葛亮出身于南阳卧龙岗，身卧于龙岗地脉的五丈原，用他的话，也算"天意"吧。"万间宫阙都做了土"，皇陵台塬本属于土。真正让自己流芳百世的，还是各自事业的正义性与辉煌程度。就现代文化看，让三秦人民普遍对台塬文化感兴趣的还是陈忠实的《白鹿原》。白鹿在历史文化上，既是白鹿原的精灵与传奇，也是秦岭台塬文化的现代象征。

商山四皓洛神赋

陕西东秦岭南坡是商洛地区，商洛市因商山洛水而得名。商山位于距丹凤县城西7.5千米的丹江南岸,诗情画意之地，古人以"势斗嵩（山）并华（山），名欺霍（山）与潜（山）"言其高峻；以"危石蹲虎脚，松老咤龙髯"言其奇秀；以"溪寂钟还度，林昏锡独鸣"言其静幽；以"我有商山君未见，清泉白石在胸间"言其高洁，历来为人们所向往。唐代之前，山坳即建商山寺，至明、清时，其内有四皓庙3间、关帝庙3间及唐玄宗所封土地庙3间、佛殿3间、左右厢房20余间。

◎商山美如画

龙飞凤舞乃华夏文明的精神图像，秦岭深深地烙上了龙凤文化的印记。秦岭就经常被比喻成华夏文明的一条龙脉，一条随国运摆动起伏的中央龙脉。秦岭之西的陇县为龙门洞，蓝田到秦岭南坡的商洛境内有黑龙口。尽管南五台有降龙寺，民间也流传各种屠龙术，仍然未能影响龙在秦岭云空的高飞远翔。汉中的刘邦被喻作潜龙，商山四皓被看成栖凤，商山就位于丹凤县，境内就有凤栖山，商山四皓真是飞翔深山林木、炼己自牧的凤凰吧。

商山四皓是秦始皇时期的四位名学博士,即东园公唐秉、用里先生周术、绮里季吴实和夏黄公崔广,四人为躲避秦朝暴政,隐居商山。西汉初建,四皓谢绝刘邦扶政的要求,但皇权动荡危乱之时,四皓出山相助,功成而不居高官,重回商山隐居。因其出山时皆已年逾八十,眉皓发白,故被称为"商山四皓"。四皓隐居商山,葬于山脚,使商山名垂青史,誉满华夏。

李白《商山四皓》写道:

>白发四老人,昂藏南山侧。
>偃卧松雪间,冥翳不可识。
>云窗拂青霭,石壁横翠色。
>龙虎方战争,于焉自休息。
>秦人失金镜,汉祖升紫极。
>阴虹浊太阳,前星遂沦匿。
>一行佐明圣,倏起生羽翼。
>功成身不居,舒卷在胸臆。
>窅冥合元化,茫昧信难测。
>飞声塞天衢,万古仰遗则。

相比于商山,洛水可谓"上善若水,隐而不名"。其实,洛水在古时名气很大,经常与黄河同源异出,相提并论。《易经·系辞上》云:"河生图,洛出书,圣人则之。""出图者",黄河之谓也;"出书者",洛水之谓也。以此为据,孔子对自己的命运深以为憾,在《论语·子罕》中叹曰:"凤鸟不至,河不出图,吾已矣夫。"洛水发源于华山之阳(南坡),古有华阳之称。北魏郦道元在《水经注》卷十五《洛水》中写道:"洛水出京兆上洛县灌举山。"在洛水群山,阮籍作《大人先生传》。

---

①见李泽厚、刘纲纪:《中国美学史》(魏晋南北朝编上),安徽文艺出版社1999年版,第179页。

李泽厚、刘纲纪的《中国美学史》对阮籍的《大人先生传》有深刻描述。李、刘敏锐地捕捉到了阮籍的思想风骨与特色，但言阮籍是靠"假想"塑造出一个"大人先生"，有待商榷。①据《水经注》载，阮籍是遇到了"大人先生"。作为一个"思想史"的旁证，屈原

◎商山四皓墓

《渔父》中的"渔父"、孔子《论语·微子》中的"隐者也"，皆是阮籍笔下的"大人先生"。屈原是碰见"渔父"，孔子是碰见"隐者也"，阮籍的大人先生也是碰见而非"假想"。阮籍记录的"大人先生"，不是商山四皓，但可能是商山四皓的弟子们。在洛水高山，有正统入官者，如商鞅；有退避隐逸者，如四皓；更有男耕女织，"关关雎鸠"，托命于爱情世界者，如曹植的《洛神赋》。

"洛神"者，即洛水的女神与爱神，美女由于爱的悲剧而升华，成为"洛神"。曹植的《洛神赋》，即是对美女爱神的深情颂歌。《洛神赋》是魏蜀吴三国时代的魏文帝登基的第三年，曹植"济洛川朝京师"。魏文帝曹丕是曹植的哥哥，已经做了三年皇帝。曹植在太子政治斗争中落败。著名的《七步诗》，是曹植曾经面临的黑暗与危机写照，《洛神赋》则是他内心的光明与希望表现。曹植借鉴宋玉楚辞，而作《洛神赋》。在这"祛魅"的昌明时代，我们无妨将曹植的"洛神"称之为"洛女"或"洛妃"。写洛女的整体之美，曹植云"翩若惊鸿，婉若游龙"；写其曼妙，则"太阳升霞，芙蓉出波"；写其丽质，则"延颈秀项，皓质呈露"。曹植不吝其墨，大施其才，给我们描绘出了一个洛水商山华贵曼妙的"爱"与"美"的女神。曹植的《洛神赋》，对我们理解秦岭人文地理的意义有两个：其一，在洛水商山，有巴楚文化的丰富遗存，借鉴宋玉即是明证。其二，除了主流仕途的商鞅与隐逸的四皓，人们的生活价值也可以寄托在"男耕女织"或"关关雎鸠"的个体爱情与家园之中。

第三章
秦岭"山坡羊"

跟盛世唐朝的李白、杜甫、白居易比，元代诗人张养浩的名气要小得多。然而，张养浩的《山坡羊·潼关怀古》却分量甚重，影响甚大。几年前，央视《秦岭探访》节目对《山坡羊·潼关怀古》做过介绍，作家张承志对《山坡羊·潼关怀古》更是推崇备至："这是我推崇为第一的古诗。"[①]《山坡羊·潼关怀古》唱云：

> 峰峦如聚，波涛如怒，
> 山河表里潼关路。
> 望西都，意踌躇。
> 伤心秦汉经行处，
> 宫阙万间都做了土。
> 兴，百姓苦；亡，百姓苦。

张养浩（1270—1329年），字希孟，号云庄，元代济南（今属山东）人。1329年关中大旱，应召出任陕西行台中丞，忙于赈灾事宜，积劳成疾，任职仅4个月，死于任所。诗人站在潼关要塞的山道上，眼前是华山群峰，脚下是黄河急流。潼关，雄伟险要的潼关，古来兵家必争的潼关啊！华夏历史分界和象征的潼关啊！那么，联系秦岭的文化地理背景，人们会问：《山坡羊·潼关怀古》的震撼性与魅力何其大，在秦岭文化地理中的独特性与位置何在呢？可以从三个角度说明：

[①] 张承志：《文明的入门》，北京文艺出版社2004年版，第168页。

◎秦岭山坡羊

其一,从"节彼南山,维石岩岩"的《诗经》开始,中国诗学统治性的主张便是"哀而不伤,怨而不怒",以中庸为仁,以中和为美。《诗》三百篇是孔子删节的,据说删订之前有三千多首。被删掉的诗歌中,可能就有"哀即伤""怨即怒"的极端"愤怒"诗篇。从孔子确立"怨而不怒"诗学标准开始,中经汉武帝"罢黜百家,独尊儒术",中庸为仁、中和为美的诗学从而成为官学。这种源自《诗经·大雅》的官方诗学,尽管在盛唐即遭到李白、杜甫的批判质疑，但有唐一代的秦岭南山诗，要么是"斜阳落墟里"的宁静田园雅致，要么是"秦川雄帝京"的锦上添花大颂，最多仍然是"卖炭翁，伐薪烧炭南山中"的"怨而不怒"讽诵。"哀而伤""怨而怒"的诗风直接意味着对朝廷的政治权力不再抱有理想和希望，这是就诗人立场的主动选择而言；就消极方面看，"离经叛道"的"怨而怒"的诗风，会招惹来自国家机器的暴力征伐和威胁。诗风的剑拔弩张，会引来剑拔弩张的后果。

其二，唐朝之后，五代战乱，陈桥兵变，宋帝被虏……华夏中国的封建王朝与文化力量日薄西山，渐趋式微，腐朽沦落。尤其是宋徽宗、宋钦宗被金人掳至北国井底之下，是对民族自尊的严重打击！张养浩所处的元朝，是骁勇的蒙古民族的天下，对汉人的自信又是彻底否定！黑暗逼出了激烈，痛苦逼出了决绝，失望逼出了愤怒。华夏底层的民间社会，本来就从未泯灭的朴实、血性和豪情……开始得到自由知识者的结晶、表达和提炼升华。在元代文学中，出现了关汉卿激烈正义的《窦娥冤》，出现了凛冽正派的"黑包公"以及瓦冈与梁山的起义英雄。在一片正义愤怒的文化氛围中，诗人张养浩选择了"潼关怀古"与"山坡羊"，可谓深中肯綮，直奔华夏文明之命门！

其三，潼关之西的长安，是大唐京都与汉人辉煌的象征；潼关之东的开封，是北宋的都城与汉人耻辱的象征。潼关还是西周与东周、西汉与东汉的分水岭，是治与乱、盛与衰的分水岭。张养浩的"怀古"才说"兴，百姓苦；亡，百姓苦"。正义愤怒的他，一笔抹掉兴亡的轮回和区别意义。"望西都，意踌躇，伤心秦汉经行处，宫阙万间都做了土"；西都即长安，关中让人伤心，帝王宫阙来自于"土"又还归于"土"。"青山依旧在，几度夕阳红"，只有大地与秦岭才永恒存在。元朝之后，秦岭山下的潼关更是见证了慈禧的仓皇而逃，日本的浓烈炮火。全民族终于集体唱出了历史性的"黄河在咆哮！黄河在咆哮！"那么，张养浩的《山坡羊·潼关怀古》的开句："峰峦如聚，波涛如怒"，既恢复了被黑暗历史淹埋了的"怨而怒"的国风传统，更是民族未来歌声的先知预见。

张养浩的《山坡羊·潼关怀古》，除"怀古"之内容让人惊心动魄，遐想无限之外,"山坡羊"的词牌选择,更是耐人回味咀嚼。王朝象征的"宫阙万间都做了土",那么,秦岭遍地的"山坡羊"呢?秦岭山坡上的羊群,有着怎样的历史与生活?几年前,中央电视台的《动物世界》风靡全国。其实,元代官员诗人张养浩就在潼关怀古,以"山坡羊"的题目提出了秦岭的山坡羊问题——或曰他不仅提出了以朱鹮、羚羊、金丝猴为象征的秦岭大自然环境中的动物世界问题,尤其从与人文地理文化关系更为密切的羊、牛、犬等家畜,更为真实地追问了秦岭动物的历史与生活世界。就说秦岭的"山坡羊"吧。

羊是中华文明的普遍属物,也是华夏文化的核心价值。人类文明的最高追求,即"真""善"和"美"的世界。"善""美"都来自于羊,都与羊密切相关!汉语文化经典中,"亡羊补牢""温顺如羊""三羊开泰""苏武牧羊",皆日常熟词成语。《诗经》有《羔羊》篇:"羔羊之皮,素丝五紽。退食自公,委蛇委蛇。羔羊之革,素丝五緎。委蛇委蛇,自公退食。羔羊之缝,素丝五总。委蛇委蛇,退食自公。"仅《羔裘》一题,《诗经》就有三篇。特别是《小雅·无羊》,在《节南山》之前,写的就是秦岭的山坡羊。诗中写道:

谁谓尔无羊?三百维群。谁谓尔无牛?九十其犉。尔羊来思,其角濈濈。尔牛来思,其耳湿湿。

或降于阿,或饮于池。或寝或讹,尔牧来思,何蓑何笠,或负其糇。三十维物,尔牲则具。

尔牧来思,以薪以蒸,以雌以雄。尔羊来思,矜矜兢兢,不骞不崩。麾之以肱,毕来既升。

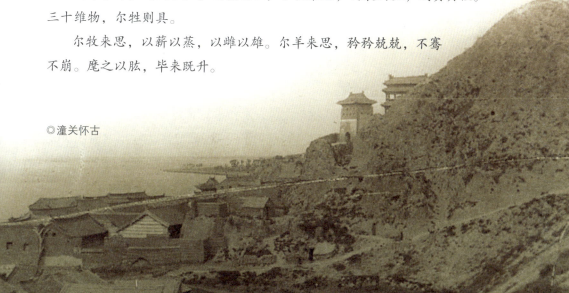

◎潼关怀古

谁说你没有羊？一群就是三百只。谁说你没有牛？七尺高的九十头。你的羊群到来时，只见羊角齐簇簇。你的牛群到来时，反刍时候把耳摇。

有的奔跑下高丘，有的池边作小饮，有的睡着有的游逛。你到这里来放牧，披戴蓑衣与斗笠，有时背着干粮饼。牛羊毛色三十种，牺牲足够祀神灵。

你到这里来放牧，边伐粗柴与细草，边猎雌雄天上禽。你的羊群到来时，羊儿小心紧随行，不走失也不散群。只要轻轻一挥手，全都跃登满坡顶。

许许多多牛羊聚集在一起，该有何等气象？倘若运用"羊来如云""牛聚如潮"来比拟，也算得形象了。但此诗作者显然不满足于此类平庸的比喻，他巧妙地选择了牛羊身上最富特征的耳、角，以"濈濈""湿湿"稍以勾勒，那(羊)众角簇立、(牛)群耳耸动的奇妙景象，便逼真地展现在了读者眼前。这样一种全不借助比兴，而能够"状难写之景如在目前"(梅尧臣语)的直赋笔墨，无疑是高超的！

第二、三章描摹放牧中牛羊的动静之态和牧人的娴熟技艺。"或降"三句写散布四近的牛羊何其自得：有的在山坡缓缓"散步"，有的在下水涧俯首饮水，有的躺卧草间似乎睡着了，但那耳朵的陡然耸动、嘴角的细咀慢嚼，不分明告诉你它们正醒着么？此刻的牧人又在干些什么？他正肩披蓑衣、头顶斗笠，或砍伐着柴薪，或猎取着飞禽！一时间蓝天、绿树、青草、白云，山上、池边、羊牛、牧人，交织成了一幅多么清丽的放牧图景！图景是色彩缤纷的，诗中用的却纯是白描，而且运笔变化多端：先分写牛羊、牧人，节奏舒缓，轻笔点染，表现着一种悠长的抒情韵味。(潘啸龙)

这就是秦岭的山坡羊。

《诗经》中这首著名的牧羊之歌，那位编订者竟然取名为《无羊》！还是要感谢那位编订者，毕竟给我们留下了这篇宝贵的牧羊之歌。《无羊》属于《小雅》，《小雅》是京城雅歌。周朝的京城，就是秦岭终南山下的丰京和镐京。紧接着这首牧羊之歌——《无羊》及《节南山》，还有《信南山》，几乎可以肯定，《无羊》中的羊群，是描写来自秦岭的山坡羊。在周朝《诗经》牧羊之歌后,秦朝的祭祀之礼,动辄就是百头牛、千头羊。汉代羊群之多,今日画像砖也经常能见到羊的形象。

在古代秦岭的广阔山村,七八只羊,两三头牛,再加上几亩玉米、土豆和油菜花,就是幸福美满的田园景象。权德舆的《奉和新卜城南郊居得与卫右丞邻舍,因赋诗寄赠》诗中的"山泽蜃雨出,林塘鱼鸟驯。岂同求羊径,共是羲皇人",写到了秦岭遍野的羊肠小道。李白著名的《将进酒》中的"人生得意须尽欢,莫使金樽空对月。烹羊宰牛且为乐,会须一饮三百杯",写出了京城"得意人生"中的烹羊内容。是啊,羊群在古代秦岭的广阔山村,直接意味着幸福生活。王维的《渭川田家》:"斜阳照墟落,穷巷牛羊归。野老念牧童,倚杖候荆扉。雉雊麦苗秀,蚕眠桑叶稀。"

◎秦岭山坡羊

这就是秦岭的山坡羊。

这种秦岭山坡的田园美景，来自大自然的丰沛吐露与眷顾，不仅以远离苛政为前提，也是超越历史的人与动物的天道公存，这也是自然的。就《渭川田家》的历史性而言，张养浩的《山坡羊·潼关怀古》说秦岭的"山坡羊"是"兴，百姓苦"，简单化绝对化了；就《渭川田家》的自然性而言，无论王朝"兴"也罢"亡"也罢，只要"官"不贪，也不乱，秦岭的牛羊世界是自给自足的，天然满足的。就此而言，王朝的历史真实本身对其一直是伤害、掠夺与负面的。首先是"国税"征讨和国家支出。成语"亡羊补牢"中的"牢"，指饲养牛养之圈。"牢"的另一含义即国家社会祭祀，直接与"羊"有关。《礼记·王制》指出："天子社稷皆太牢，诸侯社稷皆少牢。"这里的"社稷"有专指含义，指古代帝王、诸侯所祭的土神和谷神。太牢的祭祀活动中，牛羊猪三样俱全；少牢呢，则只有羊与猪。《诗经·旱麓》："清酒既载，骍牡既备，以享以祀，以介景福。""骍牡"指赤公牛，按照《礼记》，羊也是少不了的。

《诗经·生民》的祭祀，羊直接来到祭台："诞我祀如何？……载谋载惟，取萧祭脂，取羝以軷；载燔载烈，以兴嗣岁。"这是盛大的节日，忙碌、热闹、庄严与神圣。取"羝"——大公羊作为祭品，既是国享也是人道世界。不要担心残酷与"牺牲"——从牛羊作祭品而来，需要关心的只是"牺牲"的性质、位置与意义。牛羊作为祭品的性质与意义十分明确："以兴嗣岁"，"羊"以此进入永恒性的"善"的世界与"美"的世界。在《行苇》中，作者以"敦彼行苇，牛羊弗践履"，与牛羊亲切对话。在《我将》中，以"我将我享，维羊维牛，维天其右之"，表明牛羊与天道的联通途径与言说，甚至就在祭祀牛羊的《生民》篇，作者也写道："不康禋祀，居然生子。诞寘之隘巷，牛羊腓字之。"牛羊一字排开，庇护了刚出生的后稷——周人的祖先。秦岭的牛羊，与秦岭的"平林""鸟""隘巷"一样，在这里成为周人伟大祖先——后稷的出生环境，救命恩人，保护灵物——一句话，是"善"与"美"的世界。

这就是秦岭的山坡羊。

从周秦汉唐，至元明清近代，我们所消费的秦岭山坡羊不会比先人

◎好景无处不登临（方济众）

◎潼关怀古

少,我们所牺牲的秦岭山坡羊只会比先人多。然而,2000年来,我们对秦岭山坡羊的诗与歌呢?甚少,更不要说对秦岭山坡羊的灵性描写了。秦岭山坡羊,不仅生命与意义,连其"美、善"的灵性也一并消逝于历史与王朝的黑暗中。这也许就是元代诗人张养浩在"潼关怀古",选择秦岭山坡羊的基本缘由与背景。张养浩在"潼关怀古",曲牌名"山坡羊"内容却无"山坡羊"字眼。"山坡羊"死在了古代世界,包括它的温顺,它的生命,它的"美"与"善"。几年前,美国电影《沉默的羔羊》夺得奥斯卡大奖,大获成功。张养浩的《山坡羊·潼关怀古》被誉为"古代第一首诗",其根本原因与意义就在于:他以沉默的方式讲述了秦岭山坡羊的故事,那个沉默了千年的"美"与"善"的真实世界。

南山《卖炭翁》

白居易的《卖炭翁》，全诗写道：

卖炭翁，伐薪烧炭南山中。满面尘灰烟火色，两鬓苍苍十指黑。卖炭得钱何所营？身上衣裳口中食。可怜身上衣正单，心忧炭贱愿天寒。夜来城外一尺雪，晓驾炭车辗冰辙。牛困人饥日已高，市南门外泥中歇。翩翩两骑来是谁？黄衣使者白衫儿。手把文书口称敕，回车叱牛牵向北。一车炭，千余斤，宫使驱将惜不得。半匹红绡一丈绫，系向牛头充炭直。

白居易的《卖炭翁》是唐乐府诗名篇，平实晓畅，国人喜爱。然而，越是熟知，就越是难知；越是普通，就越显深奥。从秦岭文化地理角度来看，白居易在《卖炭翁》中所涉及的重要问题，很少人注意，更谈不上回答。

其一，是"卖炭翁"的社会身份，就颇晦蔽。从诗的题目去看，这几乎不成问题，分明已经告诉我们他的社会身份是"卖炭翁"嘛。诗的首句"卖炭翁，伐薪烧炭南山中"，就表明"卖炭翁"只是作者对其的权宜称谓。社会身份，指一个人在社会中基本稳定的职业或劳

◎《卖炭翁》诗意图

动。如果"卖炭翁"的稳定职业或劳动是在京城长安西市"卖炭",他就属于"城市户口"的商贩;如果"卖炭翁"的稳定职业或劳动是在秦岭终南山"伐薪烧炭",他就属于"山区户口"的有专业技能的山民。从《卖炭翁》中的"卖炭翁"神情形象,尤其是他对城市环境的不熟悉来看,"卖炭翁"其实是"伐薪烧炭南山中"的有专业技能的山民。相比于"卖炭",他最基本与稳定的劳动乃是"伐薪烧炭"。其劳动地点也不在京城长安,而是秦岭南山。在京城长安的偶尔"卖炭",怎么能与其日常性的秦岭南山中的"伐薪烧炭"相比呢?"卖炭翁"怎么能作为他的"社会身份"呢?如果不是跟作者白居易一样,出于方便权宜,将之以"卖炭翁"呼之,就表明我们对他尚完全无知:伐什么薪?炭如何烧?千余斤的"一车炭",需要他在秦岭终南山劳作多长的时间呢?这直接牵涉诗的主题:朝廷"宫使"对南山"卖炭翁"残酷的掠夺。

◎ 太乙谷（炭谷）

其二，白居易的《卖炭翁》，直接将秦岭的南山资源与京都长安的城市生活联系到了一起。唐太宗李世民教导太子时说的"水可载舟，亦能覆舟"的名言，其实质并不关乎爱世济民的道德关怀，而来自于历史运行的真实洞察与政治智慧。因而，白居易的《卖炭翁》，固然显示出一个封建官员对社会下层的关注与同情，然而，被诗人称之为"卖炭翁"的南山劳动者，其与京城长安生活之间真实的关系，并未得到说明。或者说，白居易的《卖炭翁》所反映的情景是否具有代表性、普遍性与典型性？如果不具有，那么，《卖炭翁》就表明了白居易是一个优秀的诗人，而不是出色的官员；《卖炭翁》就更多是审美真实，而非历史真实。

其三，对秦岭北麓地理略微了解的人，都不难判断：在"夜来城外一尺雪，晓驾炭车辗冰辙"的气候环境下，赶着"一车炭，千余斤"牛车的"卖炭翁"，无论如何是无法从"伐薪烧炭"的南山，来到京城长安卖炭的！从自然地理的角度看，从卖炭翁"伐薪烧炭"的"南山中"，要到达京城长安应该经过：①从秦岭到峪口的"山中"路段，坡陡路滑，崎岖狭窄，一边是高山，一边是河谷；②从峪口到白鹿原或者杜陵原前的朝北下坡路段；③从白鹿原或者杜陵原脚下到塬顶的上坡路段；④从白鹿原或者杜陵原塬顶的下坡路段。⑤从白鹿原或者杜陵原北到京城长安的平原路段。站在京城长安，望着平原路段，白居易想象着"卖炭翁"会从"南山中"来到长安城！"满面尘灰烟火色，两鬓苍苍十指黑"，这样的"卖炭翁"不仅炭烧得好，而且对南山的气象知识也有相当程度的了解。可是"夜来城外一尺雪"，他居然还"晓驾炭车辗冰辙"！去问"雪拥蓝关马不前"的韩愈吧，去看韩愈的《南山诗》吧。在《南山诗》中，韩愈描写道："初从蓝田入，顾盼劳颈脰。时天晦大雪，泪目苦矇瞀。峻涂拖长冰，直上若悬溜。褰衣步推马，颠蹶退且复。"雪天，韩愈不上南山路，气急之下的唐宪宗要杀他啊！这样的雪天，"褰衣步推马，颠蹶退且复"，何况"卖炭翁"驾的是"千余斤炭"的牛车，他能出了秦岭吗？

白居易的《卖炭翁》的描写，的确生动晓畅，令人喜爱。《老子》指出："美言不信"；就历史的真实性言，尤其出于南山的交通地理，白居易的"卖炭翁"仅是一名新乐府演员，无法获得生活世界的支持。

《卖炭翁》20句，《悟真寺》260句，《长恨歌》130句，《琵琶行》连同"并序"在内150句左右。

在上述三大长诗中，跟《卖炭翁》底层题材最接近者，是《琵琶行》。在《琵琶行》前，白居易有序，说明时间地点，可谓亲历；有琵琶女身世、职业的详尽介绍；有"同是天涯沦落人"的遭际认同；最后有"座中泣下谁最多？江州司马青衫湿"的同情泪水。可是对"卖炭翁"呢？无序，无身世，无背景，似是"新闻听说"；无身临其境的感受态度，有为"新乐府"凑数之嫌。"《卖炭翁》类似一篇诗的新闻、诗的报道。"[1]判断《卖炭翁》是否是"新闻听说"，还可举出韩愈的《韩昌黎集》为证：

尝有农夫以驴负柴至城卖，遇宦者称"宫市"取之，才与绢数尺，又就索门户，仍邀以驴送至内。农夫涕泣，以所得绢付之，不肯受，曰："须汝驴送柴至内。"农夫曰："我有父母妻子，待此然后食。今以柴与汝，不取直而归，汝尚不肯，我有死而已！"遂殴宦者。街吏擒以闻，诏黜此宦者，而赐农夫绢十匹，然"宫市"亦不为之改易。谏官御史数奏疏谏，不听。上初登位，禁之。至大赦，又明禁。

韩愈的文章与白居易的《卖炭翁》，可以互照欣赏。韩愈文中"农夫……遂殴宦者。街吏擒以闻……"衡量，"卖炭翁"之遭遇乃极端个别的恶劣事件，不带有普遍性、代表性。"驴负柴"与"一车炭"的价值是没法比的，农夫已"殴宦者"；"卖炭翁"呢？其"伐薪"之力、"烧炭"之智，皆远在农夫之上，那位欺负他的"黄衣使者"，应该不会有好下场。可惜白居易未写。在充满阶级斗争的20世纪70年代，《卖炭翁》给我们小学生的满足感，至今记忆犹新："它反映了对农民的残酷剥削""卖炭翁是千万农夫的写照""白居易对抗皇帝特权"。南山"卖炭

---

[1] 阎琦：《唐诗与长安》，西安出版社2003年版，第338页。

翁"带给白居易的冠冕够多啦！

然而，"卖炭翁"首先就不是"农夫"，而是烧炭者，是在南山伐薪烧炭的"技术工人"，至少也是会烧炭的"技术农夫"，而不是普通的"千万农夫"。在千千万万的农夫中，这样的"职业技术者"，如果不是千里挑一，也至少是百里挑一。也许他不会直接"殴宦者"，他应该有更好的惩罚办法和反抗方式。我们不是苛求诗人白居易，而是不满意《卖炭翁》所提供的内容方式：他没有把《琵琶行》写成《琵琶女》；而一个"伐薪烧炭南山中"的专业技术劳动者，何以《卖炭翁》呼之呢？娱乐世界（《琵琶行》）、山水世界（《悟真寺》）和政治世界（《长恨歌》），白居易等士大

◎双龟戏水

◎犀牛吸水

夫官员更为熟悉，也更有兴趣，而恰恰构成封建社会文明基础的劳动世界（《卖炭翁》）与农村生活，他们既无兴趣也不熟悉。国都城市生活（娱乐、政治中心）与山村生活（边缘）的鸿沟与因果关系，在21世纪的中国也仍然积重难返，二元对峙，讳莫如深。那么，白居易的《卖炭翁》，有意或者无意地将山区劳动与京城生活联系在一起，尖锐对峙，形成对照，其历史消息和文学思想的贡献可谓大焉。

秦岭终南山的太乙谷，又叫炭谷，为唐朝薪炭资源的基地。为方便薪炭运输，唐代修了漕运河道。《卖炭翁》中的"卖炭翁"，可是太乙谷来的老人吗？"一车炭，千余斤"，需要多少南山的青冈林材，"卖炭翁"

一定知晓啊。据龚胜生的《唐长安城薪炭供销的初步研究》,"从低估算,唐长安人口在80万左右,年耗薪材40万吨左右"。唐朝很多宫殿的地下有火道。火道在地面有洞口,在外面烧火,热气通过火道传到屋内,称为地龙。另外也可以通过屋内烧炭火取暖。秦岭南山的森林,直接支撑着京城长安的生活世界。"伐薪烧炭南山中"的"卖炭翁",是京城长安冬季取暖木炭的直接供给者。葛剑雄教授写道:"但这个过程中,多少树木、多少柴火被烧掉了?'伐薪烧炭南山中'是《卖炭翁》中的句子。卖炭翁在秦岭里面伐树烧炭,然后卖给长安城里面的达官贵人,供他们冬天取暖。唐朝200多年烧了多少炭,砍了多少树啊,但是你能说这一定是退步吗?唐朝这样发达的文明,冬天就得靠炭来维持。"冬季取暖无疑是人类文明的进步,问题是多少人能够享受这样的文明温暖。另外就是现代国家,已经挂在"嘴边"的可持续发展眼光。苏辙的《买炭》诗写道:"西山古松栎,材大招斤斧。……我老或不及,预为子孙惧。"

国脉《千金方》

班固的《西都赋》唱曰："南望杜、霸，北眺五陵。"在长安璀璨的历史星空中，既南之杜霸留影又北之五陵载名者，当首推药王孙思邈。《诗经·南山有台》写道："南山有桑，北山有杨。乐只君子，邦家之光。"在三秦的盛唐英雄中，既采桑于南山又拂杨于北山者，应首推真人孙思邈了。

孙思邈，出生于西魏时代，至少是个百岁老人。孙思邈的年龄，现今有六种说法：最小的为101岁，最大的为168岁。为唐代著名道士、医药学家，后世尊为"药王"。京兆华原（今陕西省耀州区）人。北周大成元年（579年），以王室多故，乃隐居太白山。

太白山为秦岭的主峰，海拔3767.2米，位于陕西眉县、周至、佛坪之间，因山顶积雪时间长，加之石头为白色而得名。主

◎孙思邈像

峰巍峨磅礴，高入云端。峰间有三大水池，上下鼎列。池水清澈见底，鱼虾俯首可拾。孙思邈在太白山隐居，前后达40年之久。他固定的隐居处在汤峪河谷内23千米处的碓窝坪。碓窝坪在山谷中部，地处两个山谷的交合处。地势开阔，气候温和，风光宜人。这里现在还保留着许多孙思邈当年生活的遗迹。在进山20千米左右的绝壁上，有一段古代栈道，传说是孙思邈进山出山的通道，人称"药王栈道"。向前行进1千米左右，道边有一块大石，传说是孙思邈休息的地方，人称"神仙石"。再走1千米多，就是碓窝坪。碓窝坪是由于有一古代石臼得名的（当地人称石臼为碓窝）。传说这个石臼是孙思邈捣药用过的，人称"药王碓窝"。在原石臼的北面，当初有两孔石砌的窑洞，传说是孙思邈隐居的住所。

在隐居太白山40年中，孙思邈做的第一件事，就是炼气养神。道家保真全生、治病去疴，所赖者，神气而已。故道医修持，旨在炼气养神，也就是炼制"内丹"。所谓"内丹"，是以身体为炉鼎，体内精、气、神作为药物，经过一定的步骤，使精、气、神在体内凝成大丹的养生术。他在这一时期写成的《内丹四言古诗》，论述了自己内丹修炼的步骤和修炼过

◎耀州药王山

程中的感应及体会。

隐居太白山40年，孙思邈做的第二件事，是服气采气。服气即吐故纳新之呼吸锻炼，它大致可分为两大类：一是服内气。道家认为人体生命之初，元气入胎；成人之后，藏于气海。服用之法，有意守、咽气、闭气和存想等具体方法。二是服外气。所谓外气，主要是指日月星辰云雾及草木山石之精华。采气，即采取天地日月之精气，以培补自身的生命元气。孙思邈在《卫生歌》中写道："天地之间人为贵，头象天兮足象地。父母遗体宜保之，箕裘五福寿为最。卫生切要知三戒，大怒大欲并大醉。三者若还有一焉，须防损其真元气。"

40年隐居太白山的，孙思邈做的第三件事是炼制外丹。《云笈七签》卷七十一收有孙思邈《太清丹经要诀》。这部丹诀记有"神仙大丹异名三十四种""神仙出世大丹异名十三种"和"非世所用诸丹等名有二十种"。隋大业年间，孙思邈几次炼制太一神精丹都因为缺少雄黄、曾青而失败。直到唐贞观年间，在蜀中遇到雄黄大贱，后又在玄武（今四川中江县）、飞鸟（今四川蓬莱镇）购得大量曾青，终于在蜀县（今四川成都东）魏家炼成太一神精丹。"以之治病，神验不可论，宿症风气，百日服者，皆得痊愈。"孙思邈用含砒霜的药物治疗疟疾的方法，较之欧洲18世纪末用"砒霜"治疗疟疾早了1000多年，在世界药学史上有着重要意义。

孙思邈40年隐居太白山，做的第四件事，也是他一生所做的最主要的事，就是"救疾济危"。太白山可以说是一座"药山"。这里有植物1200余种，其中可入药的就有510多种，当地群众把部分重要药物归纳为："太白山七十二样七。""七"是群众对重要药物的总称。孙思邈亲自涉步深山老林，采集药物，品味药性，探究种植技术。据传，一次在太白山深山采药时，他看到一条六尺来长的乌梢大毒蛇正在跟一只黄鼠狼模样的红脸小动物恶斗。这只小动物叫作獴，是毒蛇的天敌，趁着毒蛇垂头歇息的时候，獴突然闪电般地扑上去，一口咬住了蛇头。毒蛇毙命了，而獴也在搏斗中被毒蛇咬伤了腿部，鲜血直流。孙思邈突然发现，这只獴钻进草丛，寻到一种小叶子野草，大口大口地吃起来，接着用舌头舔了舔自己受伤的腿，又在草丛中打了几个滚，就活蹦乱跳地跑开了。看到这里，孙思

◎药王庙古柏

邈又惊又喜,他双眼紧盯着獴吃过的那种小叶子草,径直奔过去,采集了一大捆。后来,他用这种草治活了不少被毒蛇咬伤的人,在总结医案时,他想起当时这种草是在毒蛇尾部的草丛中发现的,于是就给这种草起名叫"蛇根草"。

《旧唐书·孙思邈传》载,唐太宗李世民原本以为孙思邈是个庞眉皓首的八旬老者,谁知见他面色红润、耳聪目明,竟然如同三四十岁的精壮男子,大为惊讶,慨然叹曰:"我这才懂得了得道真人极可尊重的道理!传说中羡门子、广成子的仙迹,难道是子虚乌有的戏言吗?"长孙皇后身患沉疴,御医多方治疗,均无疗效。孙思邈被召入宫,引丝诊脉,几贴方剂,使皇后很快痊愈。唐太宗十分高兴,准备赐给他爵位,孙思邈婉言谢绝。孙思邈的博大胸怀,深得唐太宗敬佩,于是,拜封他为"真人",并做了《赐真人颂》。孙思邈的精湛医术、高尚医德,在京城内外传为佳话,广泛流传。民间还有许多传说,传颂这位"药王"。

据《旧唐书·孙思邈传》载,他"遗令薄葬,不藏冥器,祭祀无牲牢。经月余,颜貌不改,举尸就木,犹若空衣,时人异之"。

全国著名的药王庙有二十几个。陕西耀州药王庙位于陕西耀州区城东的药王山上。药王山，也叫五台山或磬玉山。在药王山，孙思邈利用修炼的空隙、大量采集山间药材。现在药王山（磬玉山）上还存有孙思邈"洗药池"和"晒药场"的遗址。在微斜的岩面上，凿有一圆形池和一半圆形池。上一龙头吐水，宜泻圆形之池，水满即顺槽流入半圆形池中，再满便随石流槽排入水道中流走。水流甘冽，夏不秽，冬不涸。这就是"洗药池"。

《千金要方》和《千金翼方》是孙思邈一生最主要的著述，也是中医学的经典巨著。孙思邈认为，"人命至重，有贵千金，一方济之，德逾于此"，故将他自己的两部著作均冠以"千金"二字。这两部书的成就在于：首先对张仲景

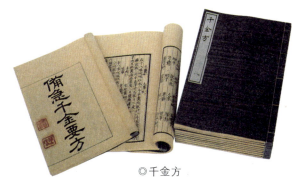

◎千金方

的《伤寒杂病论》有很深的研究，为后世研究《伤寒杂病论》提供了可靠的门径，尤其对广义伤寒增加了更具体的内容。他创立了从方、证、治三方面研究《伤寒杂病论》的方法，开后世以方类证的先河。《千金要方》是我国最早的医学百科全书，从基础理论到临床各科，理、法、方、药齐备。书中内容一类是典籍资料，一类是民间单方验方。广泛吸收各方面之长，雅俗共赏，缓急相宜，时至今日，很多内容仍起着指导作用，有极高的学术价值，确实是价值千金的中医瑰宝。

秦岭关中地区，是华夏文明的人文故乡，也是中医学的重要宝地。西秦岭宝鸡，是炎帝神农文化的重要发源地，中医本草学的第一部重要著作，即是《神农本草经》《黄帝内经》是迄今为止最伟大，也最重要的中医学经典。《黄帝内经》的内容结构，是以黄帝和岐伯的对话展开的：黄帝问，岐伯回答。岐伯者，就是西周发源地岐山的京都伯爵，就是来自于"西岐有凤，鸣于昆岗"的周原。《诗经·南山有台》写道："南山有桑，北山有杨。"面对药王孙思邈，面对药王山和太白山，我们愿意学唱："南山仙草，北山药王。"

天都《阿房宫》

《史记·秦始皇本纪》：

于是始皇以为咸阳人多，先王之宫廷小，吾闻周文王都丰，武王都镐，丰镐之间，帝王之都也。乃营作朝宫渭南上林苑中。先作前殿阿房，东西五百步，南北五十丈，上可以坐万人，下可以建五丈旗。周驰为阁道，自殿下直抵南山。表南山之巅以为阙。为复道，自阿房渡渭，属之咸阳，以象天极阁道绝汉抵营室也。阿房宫未成；成，欲更择令名名之。作宫阿房，故天下谓之阿房宫。隐宫徒刑者七十余万人，乃分作阿房宫，或作丽山。发北山石椁，乃写蜀、荆地材皆至。关中计宫三百，关外四百余。

◎阿房宫前殿遗址

收天下兵，聚之咸阳，销以为钟，金人十二，重各千石，置廷宫中。……徙天下豪富于咸阳十二万户。诸庙及章台、上林皆在渭南。秦每破诸侯，写放其宫室，作之咸阳北阪上，南临渭，自雍门以东至泾、渭，殿屋复道周阁相属。所得诸侯美人钟鼓，以充入之。

司马迁在《史记》里叙述阿房宫的内容，汉末的《三辅黄图》基本继承，并且补充了若干具体细节：①《长安志》叙述阿房宫，引《三辅旧事》，与本文相同。"销锋镝以为金人十二，以弱天下之人，立于宫门。"《三辅旧事》云"铸金狄人，立阿房殿前"。秦始皇所铸造的"金人十二"，《史记》只说"置廷宫中"，《三辅黄图》明确为"铸金狄人，立阿房殿前"。②《三辅黄图》云："阿房宫，亦曰阿城。惠文王造，宫未成而亡，始皇广其宫，规恢三百余里。离宫别馆，弥山跨谷，辇道相属，阁道通骊山八十余里。表南山之颠以为阙，络樊川以为池。""阿房宫，亦曰阿城。""阿城"者，山阿之城也，依偎着秦岭终南山的皇宫建筑！其后"弥山跨谷，辇道相属，阁道通骊山八十余里。表南山之颠以为阙"，已是很清楚的"山城"景观描写了。③《水经注·渭水》云：阿房宫，"亦名阿城"。《〈史记·秦始皇本纪〉正义》中，引《括地志》云："秦阿房宫亦曰阿城，在雍州长安县西北一十四里。""宫在上林苑中，雍州郭城西南面，即阿房宫城东面也。"《长安志》云："秦阿房宫一名阿城，在长安县西二十里（《元和郡县图志》作'县西北十四里'，与《括地志》同）。东西北三面有墙，南面无墙，周五里一百四十步，崇八尺，上阔四尺五寸，下阔一丈五尺，今悉为民田。"这是后来典籍对阿房宫作为"阿城"的进一步细究。其重要者，是明确指出了"东、西、北三面有墙，南面无墙"。④《文选·西京赋》云："乃构阿房。"李善注引《三辅故事》云："秦始皇上林苑中，作离宫别观一百四十六所，不足以为大会群臣，二世胡亥起阿房殿，东西三里，南北三百步，下可以建五丈旗，在山之阿，故曰阿房也。"⑤"以木兰为梁，以磁石为门。磁石门，乃阿房北阙门也。门在阿房前，悉以磁石为之，故专其目，令四夷朝者，有隐甲怀刃，入门而胁止，以示神。亦曰却胡门。"这里写到了阿房宫的建筑材料以"木兰为梁""磁石为门"是出于安保考虑。

据《史记》记载,秦始皇的皇宫建筑,"关中计宫三百,关外四百余"。那么,阿房宫的特殊地位和意义在哪里呢?其一,从直观的自然地望看,阿房宫首先是一座山阿之城——一座依偎秦岭终南山的帝都建筑与皇宫象征。其二,其规模之阔大、长度之绵延、气势之宏伟、装修之讲究,皆非其他宫殿能望其项背。"以木兰为梁",是最好的木料吧。"磁石为门"是高新科技的应用吧。"立阿房殿前"的十二个金人,"重各千石"即六万斤左右的重量。后来的魏明帝想把十二个金人,挪到他的东都洛阳,太重,徒唤奈何。其三,从阿房宫建筑面积的地形跨度看,它既不是单纯的平原建筑,也不是单纯的山地建筑,而是从北到南依次覆盖了关

中平原、南山丘陵和秦岭主脊的连绵巍峨的建筑群落。其四，阿房宫"表南山之颠以为阙，络樊川以为池"，是象征蓬莱三神山世界！这一点，前人已有觉察，只是无力把握。其五，肖爱玲的《隋唐长安城》记述隋唐长安城的城墙布局是："皇城仅东、西、南三面筑有城墙，无北墙，与宫城之间以'横街'相隔。""横街"即宽阔的大街与广场，意味着皇城的归宿和灵魂乃指向其北面的唐朝宫城。可是，宫城的归宿和灵魂又指向哪里呢？阿房宫的建筑设计可以帮我们寻找方向。阿房宫作为皇宫建筑，"东、西、北三面有墙，南面无墙"。这表明，南山是阿房宫的面朝方向，是阿房宫欲通达的地方，是主人精神憧憬的处所。这一点，其实《史记·秦始皇本纪》已经表达得很清楚了："周驰为阁道，自殿下直抵南山。表南山之颠以为阙。为复道，自阿房渡渭，属之咸阳，以象天极阁道

◎阿房宫全景图

绝汉抵营室也。"秦岭终南山,成为阿房宫"峭壁上的窗户"——地面"下帝"通往高空"上帝"的天阙。阿房宫以"南山之巅以为阙"表明,阿房宫乃是人间天都。

岳飞著名的《满江红》写道:"靖康耻,犹未雪;臣子恨,何时灭!……待从头,收拾旧山河,朝天阙。"《满江红》中的"天阙",一般解释为朝廷。古代朝廷的京城建筑布局,以汉唐为例,分为宫城、皇城和外城三重格局。皇帝"工作"的朝廷即位于宫城,宫城之南是皇城,皇城之南是外城,老百姓生活区。汉代外城之南,即秦岭北麓一带,有司马相如的大赋《上林赋》,歌颂汉武帝的上林苑。汉代上林苑,是秦朝旧苑,象征天界仙境的蓬莱三神山。这也旁证:按照计划,阿房宫是一座围绕终南山的人间天都。到了盛唐,修道成仙的学术问题,尽管托付给了楼观台和慈恩寺,唐长安城仍体现出浓郁的人间天都气象。唐皇们办公的朝廷,叫作太极宫。太极宫的正门,叫作承天门。皇城的南门叫作朱雀门,朱雀者,飞翔天空也。外城的南门是明德门,可眺望终南山。明德门的东边,修建了启夏门。启夏门的东南方向,表明了它的通天观念。

在秦始皇的阿房宫那里,皇宫的通天功能,远不仅仅是观念世界的玩意,而是人间天都的庞大实践。作为秦始皇人间天都的地标建筑,即阿房宫以"南山之巅以为阙"!阿房宫,也以"南山之巅以为阙"的惊世建筑,成为秦始皇人间天都的永远见证。不消说,这种仙境天都的庞大建筑,不是一个人间国家能够承受的。汉代贾谊写完《过秦论》之后,唐代杜牧还要撰述《阿房宫赋》,道理即此。李

◎今日阿房宫

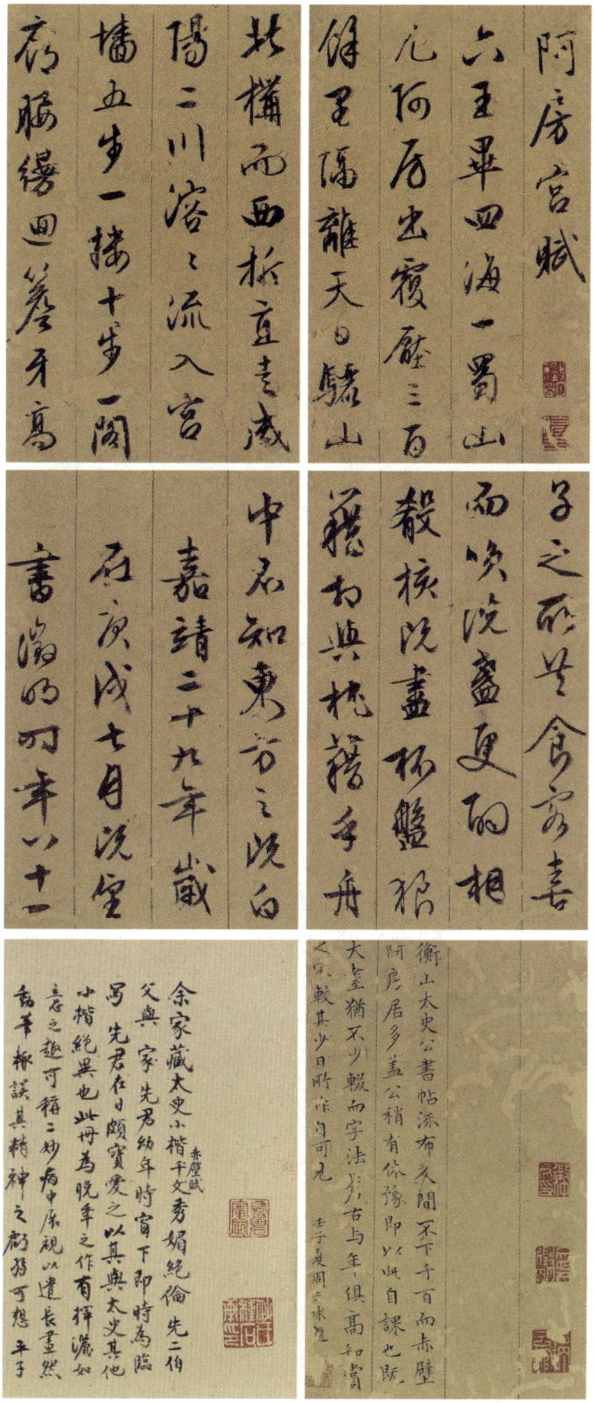

◎《阿房宫赋》（文征明）

白的《古风》写道:"秦皇按宝剑,赫怒震威神。……力尽功不赡,千载为悲辛。"秦始皇的阿房宫,把秦朝的江山都花光了,还不知晓秦岭的"天阙"在哪里呢!唐代杜牧的《阿房宫赋》叹道:

六王毕,四海一。蜀山兀,阿房出。覆压三百余里,隔离天日。骊山北构而西折,直走咸阳。二川溶溶,流入宫墙。五步一楼,十步一阁。廊腰缦回,檐牙高啄。各抱地势,钩心斗角。盘盘焉,囷囷焉,蜂房水涡,矗不知其几千万落。长桥卧波,未云何龙?复道行空,不霁何虹?高低冥迷,不知西东。歌台暖响,春光融融。舞殿冷袖,风雨凄凄。一日之内,一宫之间,而气候不齐……嗟乎!一人之心,千万人之心也。秦爱纷奢,人亦念其家。奈何取之尽锱铢,用之如泥沙?使负栋之柱,多于南亩之农夫;架梁之椽,多于机上之工女;钉头磷磷,多于在庾之粟粒;瓦缝参差,多于周身之帛缕;直栏横槛,多于九土之城郭;管弦呕哑,多于市人之言语。使天下之人,不敢言而敢怒。独夫之心,日益骄固。戍卒叫,函谷举,楚人一炬,可怜焦土!

◎阿房宫

《阿房宫赋》中的"秦爱纷奢，人亦念其家"，说得多好！《阿房宫赋》虽然短，但比歌功颂德的两汉大赋价值更大。就凭"人亦念其家"这一句，《阿房宫赋》就以古代朴素人道主义的流露，远远超越了"吾皇万岁"式的《上林赋》《玄都赋》和《两京赋》。如果不是杜牧的《阿房宫赋》，随着"上林""玄都""两京"的灰飞烟灭，"赋"这一文体本身，恐怕早已进入历史的博物馆了。李白的另一首《古风》对阿房宫修建的总结是："刑徒七十万，起土骊山隈。尚采不死药，茫然使心哀。"秦始皇的阿房宫作为人间天都，都修建到了秦岭终南山的峰巅了，仍然不能"朝天阙"，在李白看来，无疑是这位"横扫六合，虎视雄哉"之帝的最大失败和悲哀。

终南幽静

秦岭人文地理与宗教

SHIPIN QINLING

诗品秦岭

第四章
《帝京》御风荡

华夏上古有《尧典》有《禹贡》。秦汉以降,汉高祖刘邦曾唱《大风歌》,建安曹操父子有《观沧海》《洛神赋》与《典论》。唐盛诸君,更迈前朝帝王,唐中宗、唐玄宗、唐宣宗、武则天均留诗作于万世。其中最著名者,还是唐太宗李世民。历史上唐太宗开创了"贞观之治",文本领域他又豪情大赋《帝京篇十首》,显赫帝业与雅奥诗章交相辉映,万古流芳矣。

中国古代帝王,世称天子。李世民作为天子,《帝京篇》的最大特点,即气派雄大的"天子"眼光。《帝京篇》之五,他写"桥形通汉上,峰势接云危";《帝京篇》之三,他写"雕弓写明月,骏马疑流电";《帝京篇》之六,他写"落日双阙昏,回舆九重暮。长烟散初碧,皎月澄轻素";《帝京篇》之九,李世民有最明确的天子宣言:"无劳上悬圃,即此对神仙。"且让我们欣赏《帝京篇》之一:

秦川雄帝宅,函谷壮皇居。
绮殿千寻起,离宫百雉馀。

◎大唐沉香亭(袁江)

◎秦岭秋色

连薨遥接汉,飞观迥凌虚。
云日隐层阙,风烟出绮疏。

在这首《帝京篇》之一中,唐太宗用"雄""壮"描写秦岭形胜对"帝宅""皇居"的营构衬托与美感力量。这种力量是强大厚重的,李世民选择用"雄""壮"表现,于自然审美上属崇高范畴。"连薨""飞观"是"秦川""函谷"雄壮,是"帝宅""皇居"的具体伸延,着眼于"遥接汉""迥凌虚"的无限空间幅度,及其与"天"的亲切对话。"遥接""迥凌"更多的是空间性力量的气势崇高;"倚殿""离宫"则是时间性的审美逗留;"千寻""百雉"是数量化的绵延无限。

近代美学将人类的审美现象分为优美、崇高、喜剧与悲剧四大范畴。李世民《帝京篇》应该属于崇高一类。康德在《判断力批判》中又将崇高分为力学与数学两大类型,《帝京篇》都有体现。末尾两句的"云日隐层阙,风烟出绮疏",又以"云日"寒景与"风烟"朦胧给全诗崇高之境以节制,予以"绮疏"化,意味绵长,得含蓄之美。这种诗学上的道理,在

《帝京篇》之十也即最后一篇，李世民已经写清楚了："人道恶高危，虚心戒盈荡。"过分高危了，需要"隐于云日"；过分盈荡了，应该"入乎风烟"。李世民《帝京篇》，崇高与优美平衡的诗学风格，源自《易经》的"潜龙"智慧与"六五之道"——《帝京篇》末尾写道"六五诚难继"啊！从《帝京篇》中人们可以窥见出李世民的精神境界与文字功底。在某种程度上，这是"桥形通汉上，峰势接云危"的秦岭终南山给予唐太宗的精神境界。诗唐有千余首诗歌吟过终南山，其中就有唐太宗李世民的《望终南山》。撇开诗人九五之尊贵、千古之王气，就诗艺本身而言，李世民的《望终南山》亦可圈可点。其亮点有三：其一，起句"重峦俯渭水"，就把关中宏观自然地理的一山（秦岭）一水（渭河）的社稷形象优先表达了出来。其二，"出红"到"疑全"，在对秦岭景色的描写中，"红日""翠夜"与"朝"都融入其中了，秦岭的这首"帝风篇"，庶为南山的皇室绝唱。其三，李世民以"无劳访九仙"，给予秦岭以崇高精神地位——终南山在"九仙"之上！在《望终南山》中，李世民这样描写秦岭：

　　重峦俯渭水，碧嶂插遥天。
　　出红扶岭日，入翠贮岩烟。
　　叠松朝若夜，复岫阙疑全。
　　对此恬千虑，无劳访九仙。

◎永恒的秦山

对唐太宗李世民而言，秦岭终南山那些"俯渭水的重峦"，那些"插遥天的碧嶂"，还有那些"朝若夜的叠松"与"阙疑全的复岫"，已经那么形象直观地道说了天道自然的"上"（"插遥天"）与"下"（"俯渭水"），已经那么深沉地呈现了人间世界的"永恒"（"朝若夜"）与"变易"（"阙疑全"）的奥妙道理，当然是"无劳访九仙"啊！或曰：秦岭终南山，它本身就是我们人世最好的高仙天师吧。否则，唐太宗李世民那样的"大忙君"，何以用眼"望终南山"之后，还要用笔"望终南山"呢。

面对帝京，李世民一派御气；面对南山，李世民也是一派御气；就是面对"旧宅"，李世民仍是一派御气。围绕《过旧宅》，唐太宗李世民写了两首诗。《过旧宅》其一写道：

> 新丰停翠辇，谯邑驻鸣笳。
> 园荒一径断，苔古半阶斜。
> 前池消旧水，昔树发今花。
> 一朝辞此地，四海遂为家。

"新丰"，在今天的西安市临潼区，有李世民的"旧宅"。尽管"径断园荒""苔古阶斜"，唐太宗仍发现了"旧宅"的生命力："前池旧水"的"树发今花"，并在此生命力发现与延续的基础上，作出高昂乐观的结语："一朝辞此地，四海遂为家。"这"离别"的经历，唐太宗李世民写成了何等高昂乐观的主题！在"四海为家"的主人面前，"停翠辇"的新丰"旧宅"，分明吹拂着浓郁的御风啊！

诗唐两重天

中国素以诗国相称。有唐一朝,二百八十九个春秋,千余名骚人墨客,更是诗国文明中的绚烂华章与绝唱国风。基于此,盛唐又被称之为"诗唐",即"诗的唐朝"与"诗的王国"。闻一多先生也说要认识唐诗,须先认识"诗唐",即"诗的唐朝",他说:"'诗唐'的另一个含义,也可解释为唐人的生活是诗的生活,或者说他们的诗是生活化了的……唐人作诗之普遍,可以说是空前绝后,凡生活中用到文字的地方,他们一律用诗的形式写,达到任何事物无不可以入诗的程度。"(阎琦《唐诗与长安》)

无论数量还是质量,就诗歌文本看,秦朝与唐朝无法相比。秦岭简直是一座唐诗之山、诗唐之山,是一座人类诗歌创造的"诗山"和"灵山"。盛唐的诗歌创作,使秦岭成为诗唐之山,秦岭仍然未演变为"唐山"。我们对此并不以为憾,反之加感更觉到诗唐之

◎杜陵诗意图

大气与唐诗之意境美。唐诗中一般称秦岭为南山、终南山、太乙山，这一方面是文化传承上的周秦汉遗风，一方面来自于秦岭的地望审美。在唐诗中，最接近"唐山"的，是"秦山"名称。皇甫冉的《送孔党赴举》："楚水通荥浦，秦山拥汉京。爱君方弱冠，为赋少年行。"杜甫的《同诸公登慈恩寺塔》："秦山忽破碎，泾渭不可求。"

在皇甫冉的《送孔党赴举》中，"秦山拥汉京"与"楚水通荥浦"相对应，"秦山"呼应"楚水"。在杜甫的《同诸公登慈恩寺塔》中，"秦山忽破碎"，写家国之愁。"秦山"在诗唐的出现，或为纯粹文本上的对称修辞需要（皇甫冉），或因登高怀古的家国愁情（杜甫）。至于诗唐出现的"秦岭"，则直接意味一种悲剧之缘，韩愈著名的"云横秦岭"，是纯粹的个人悲剧与国家悲剧。在诗唐文化语境，一般而言，"秦岭"与南山（寿比南山）相比，总是一种否定性、悲剧性的命名呼叫。在诗唐世界，一个自然地理实体，呈现出"南山"和"秦岭"的两重天：一个乐观赞美，一个消极否定。再举数例，可知诗唐中的"秦岭"意境的否定性和悲剧色彩。

白居易的《初贬官过望秦岭》："草草辞家忧后事，迟迟去国问前途。望秦岭上回头立，无限秋风吹白须。"

尚颜的《冬暮送人》："长安冬欲尽，又送一遗贤。醉后情浑可，言休理不然。射衣秦岭雪，摇月汉江船。亦过春兼夏，回期信有蝉。"

岑参的《登总持阁》："高阁逼诸天，登临近日边。晴开万井树，愁看五陵烟。槛外低秦岭，窗中小渭川。早知清净理，常愿奉金仙。"

杜甫的《阆州奉送二十四舅使自京赴任青城》："闻道王乔舄，名因太史传。如何碧鸡使，把诏紫微天。秦岭愁回马，涪江醉泛船。青城漫污杂，吾舅意凄然。"

杜甫此诗，道出了"秦岭"意境否定性和悲剧色彩的三种因素：①在"紫微天"比照下的"低"。岑参的《登总持阁》中，是以"金仙"和"逼诸天"高阁，引出"槛外低秦岭"。杜甫此诗，是以"闻道王乔舄"的"紫微天"，写"愁回马"的秦岭。②离开京畿长安的"悲"。杜甫的"吾舅意凄然"，源于"自京赴任青城"。"初贬官"的白居易，是从长安去江州的"过望秦岭"。③在天涯漂泊的"醉"。尚颜的《冬暮送人》是在长安的"醉后情浑可",杜甫是在四川的"涪江醉泛船"。

与此相反,诗唐对于"南山"和终南山基本是赞美和歌颂的。王维的《终南山》:"太乙近天都,连山到海隅。白云回望合,青霭入看无。分野中峰变,阴晴众壑殊。欲投人处宿,隔水问樵夫。"写终南山接近"天都"。李世民的《望终南山》:"对此恬千虑,无劳访九仙",写终南山"恬千虑"的巨大作用,等于"访九仙"。

孟浩然的《岁暮归南山》:"北阙休上书,南山归敝庐。不才明主弃,多病故人疏。白发催年老,青阳逼岁除。永怀愁不寐,松月夜窗虚。"写"明主弃""故人疏",只有"南山敝庐"才是咱的家啊!

杜甫的《曲江三章章五句》:"自断此生休问天,杜曲幸有桑麻田,故将移住南山边。短衣匹马随李广,看射猛虎终残年。"面对南山,从《曲江三章章五句》开始,杜甫"自断此生休问天"。"南山桑田"才是咱的家啊!与王维的"天都"、李世民的"九仙"对照,孟浩然的"南山敝庐"和杜甫的"南山桑田"就是南山诗的两重天。杜甫的《曲江三章章五句》中的"自断此生休问天",甚至于不想"问天"。尽管与天子(李世民)、骄子(王维)们的终南山无法比较,孟浩然的"南山敝庐"和杜甫的"南山桑田"表明:对于他们而言,南山还是陶渊明的"吾亦爱吾楼"啊!

从诗唐大的范围看,秦岭南山诗的创作可分为主体全景、背景特写和比兴喻指三个类型。主体全景类型是指诗作的内容全部是秦岭的山水描写,如王维的《渭川田家》、孟浩然的《过故人庄》、常建的《梦太白西峰》和李世民的《望终南山》,以孟浩然的《南山下与老圃期种瓜》为例,其诗写道:"樵牧南山近,林间北郭赊。先人留素业,老圃作邻家。不种千株橘,惟资五色瓜。邵平能就我,开径剪蓬麻。"背景特写类型指

©秦岭九重接云天

秦岭的山水描述仅为整个诗境的一个自然要素，如李白的《黄葛篇》、杜甫的《昔游》、王维的《早秋山中》，以李白的《黄葛篇》为例，其诗写道"黄葛生洛溪，黄花自绵幂。青烟蔓长条，缭绕几百尺。闺人费素手，采缉作絺绤。缝为绝国衣，远寄日南客。苍梧大火落，暑服莫轻掷。此物虽过时，是妾手中迹。"在《黄葛篇》中，李白固然写了秦岭山中的"黄葛"和"洛溪"，描写了秦岭山中"黄葛"的"青烟蔓长条，缭绕几百尺"，但诗的主体乃是"闺人"的"素手"和"妙手"。通过"闺人费素手"，远方的那位"南客"获得了人间的温暖情感，百代的我们认知了秦岭的一件"国衣"。比兴喻指类型，既不同于主体全景类型，也不同于背景特写类型——前两种唐诗类型都落脚于自然景物及其生成延伸的生活环境，比兴喻指唐诗则落实于政治社会背景。在把秦岭山川仅仅作为诗歌的一个要素上，背景特写与比兴喻指是一致的；而在将秦岭山川作为自然描写方面，主体全景与背景特写又是相一致的。李白的《白马篇》、杜甫的《义鹘》、白居易的《秦中吟》系列，皆属于比兴喻指类型，我们以白居易的《草茫茫》为例，其诗写道："草茫茫，土苍苍。苍苍茫茫在何处？骊山脚下秦皇墓。墓中下涸二重泉，当时自以为深固。下流水银象江海，上缀珠光作乌兔。别为天地于其间，拟将富贵随身去。一朝盗掘坟陵破，龙䑓神堂三月火。可怜宝玉归人间，暂借泉中买身祸。奢者狼藉俭者安，一凶一吉在眼前。凭君回首向南望，汉文葬在灞陵原。"《草茫茫》虽然也有"骊山""秦皇墓"和"灞陵原"，其旨趣根本上在社会政治内涵，更多内容是围绕王朝变迁的历史地理与秦岭的政治地理。以白居易、元稹为领袖的唐诗比兴喻指类型，其诗学无疑来源于《诗经》的比兴风格。

唐代之后，秦岭终南山也并未因诗唐文化而改名叫作"唐山"，华夏国人却被称呼为"唐人"。欧美许多国家有"唐人街"，美国旧金山有著名的"唐人街"。世界各地的"唐人街"，经常就有唐诗朗诵。唐诗，构成华夏伟大的历史文明，有九州的大好河山，"唐人"更多属于海外赤子，是华夏同胞的梦里江山。

云横秦岭《南山诗》

有唐一代,围绕终南山的诗歌创作一千余首,其中不乏千古绝唱者。抛开诗家风格与审美趣味,从秦岭文化地理内容的丰富性看,当首推韩愈的《南山诗》。韩愈的《南山诗》,51韵,204句。就文本形式特征看,韩愈的《南山诗》有三个要点:①全诗四句一韵,共51韵,和诗中的51个"或"句,皆来自韩愈51岁的"云横秦岭"事件。②全诗204句,基本上是前半部分写"山",后半部分写"水"。"仁者乐山,智者乐水";韩愈的《南山诗》,就是一个围绕秦岭南山的仁智审美世界。从"仁者"到"智者"的过渡标志,仍然是"云横秦岭"事件。③儒家的智慧象征是《易经》。在《南山诗》中,韩愈力图运用"易象"结构表现南山的意象境界。

◎云横秦岭

从开句的"吾闻京城南"到"粗叙所经觑"10句,是《南山诗》的缘起背景:从秦岭地理文化看,"东西两际海,巨细难悉究。山经及地志,茫昧非受授",《山海经》和《地理志》让人无法满意;从韩愈个人角度看,"团辞试提挈,挂一念万漏。欲休谅不能,粗叙所经觑",尽管挂一漏万,他必须创作这首《南山诗》啊。

从第11句"尝升崇丘望"到"脱险逾避臭",韩愈用100句写山。从"昨来逢清霁"到结束,韩愈用94句写水,写昆明池,写水幻观。诗中的51个"或"句,即韩愈写昆明池和翠华湫的水幻观。香港大学的饶宗颐先生认为,韩愈《南山诗》中的51个"或"字连用,是受到了佛教文学的影响。昆明池的水幻观表明,"云横秦岭"事件之后,韩愈这位儒家仁者,的确在琢磨"人生如幻"诸佛道智慧。至少,韩愈在《南山诗》中表现出的细腻眼光,令人吃惊:"因缘窥其湫,凝湛闷阴兽。鱼虾可俯掇,神物安敢寇。林柯有脱叶,欲堕鸟惊救。争衔弯环飞,投弃急哺鷇。旋归道回睨,达枑壮复奏。吁嗟信奇怪,峙质能化贸。前年遭谴谪,探历得邂逅。"

"因缘窥其湫"的"因缘",即"前年遭谴谪,探历得邂逅",指韩愈51岁时发生的那个"云横秦岭"事件。韩愈的《左迁至蓝关示侄孙湘》脍炙人口,全诗写道:

一封朝奏九重天,夕贬潮州路八千。
欲为圣明除弊事,肯将衰朽惜残年!
云横秦岭家何在?雪拥蓝关马不前。
知汝远来应有意,好收吾骨瘴江边。

这是全唐诗中最著名的一首诗,也是唐代最好的一首秦岭南山诗。[1]

---

[1]韩愈能够写出这首"最好的"秦岭唐诗,究其主要原因,恐怕还是他的认真态度和投入程度使然。《南山诗》如此,《答张彻》的"华山诗"也是如此。今日华山的"韩愈之投书处",更是生动个案。至于诗歌才华,韩愈明显逊色于盛唐时期的李白、杜甫和王维。

其一,"好收吾骨瘴江边"的尾句表明,这里不是普通的忧情愁感,而是突然降临的生死感叹。其二,"朝奏""夕贬"的巨大灾难,无论影响与程度都空前绝后。其三,"欲为"的动机和"夕贬"的结果充满荒诞性和悲剧性。其四,"雪拥蓝关"的残酷自然环境,与残酷的专制环境浑然一体。其五,韩湘子为韩愈的"侄孙",著名的八仙之一。韩愈将"收吾骨"之事托付给韩湘子表明:他的儒家世界观和价值观遭到毁灭,"家何在"绝不是看不见长安国都,而是精神上的失去信仰。从两年前的《左迁至蓝关示侄孙湘》到这首《南山诗》,韩愈的变化已经十分之大,《南山诗》就在于表现此种巨大变化。而写完这首《南山诗》后的第三年,韩愈就真的告别了这个世界!写《南山诗》时的韩愈,还正在专心欣赏昆明湖水以及水中游弋的鱼虾呢。

"鱼虾可俯掇,神物安敢寇",一语双关,寓意仍在讽谏佛舍利的"云横秦岭"遭遇。"林柯有脱叶,欲堕鸟惊救。争衔弯环飞,投弃急哺鷇",就写实的景象而言,是一幅异常优美的秦岭终南山下的"飞鸟衔叶

图":秋天的终南山下,几片落叶从空中飘下。落叶快要堕到地面上了,一只山雀箭也似飞来,衔起落叶奋飞。当其他鸟儿争衔这片落叶的时候,山雀便"投弃"嘴里的落叶,到其他地方"哺鷇"去了。就寓意看,仍是讽谏佛舍利的"云横秦岭",让韩愈观察到了这幅秦岭终南山的"飞鸟衔叶图"啊!看完秦岭终南山的"飞鸟衔叶图",紧接着就是"云横秦岭":"无风自飘簸,融液煦柔茂。横云时平凝,点点露数岫。天空浮修眉,浓绿画新就。孤撑有巉绝,海浴褰鹏噣。"寓意仍是讽谏佛舍利的"云横秦岭",韩愈是"无风自飘簸":作为刑部侍郎,完全可以不去讽谏唐宪宗的国家供养舍利啊。"融液煦柔茂",就是他韩愈讽谏的动机啊。

  韩愈的《南山诗》,仍对讽谏佛舍利的"云横秦岭"回味无穷呐!"云横秦岭",九死一生,虽然有水幻之观,韩愈仍心系正道人间:"旋归道回眴,达枿壮复奏。吁嗟信奇怪,峙质能化貿。"如果必要,韩愈还会正义凛然,悲壮劝谏("达枿壮复奏")!接着就是两年前"初从蓝田

◎云蒸霞蔚

◎秦岭春秋（庶人）

入"的正面追忆和叙述。

韩愈的《南山诗》和杜甫的《北征诗》是唐五古中的绝制，历来多有文士进行比较，评判优劣。黄庭坚的《诗眼》记载："孙莘老尝谓：老杜《北征》诗胜退之《南山》诗，王平甫以谓《南山》胜《北征》，终不相服，时山谷尚少，乃曰：'若论工巧，则《北征》不及《南山》，若书一代之事，以与国风、雅、颂相为表里，则《北征》不可无；而《南山》虽不作，未害也。'"就秦岭文化地理看，韩愈的《南山诗》恰恰不可少啊！黄庭坚"若论工巧，则《北征》不及《南山》"，我们也不去置辩，

◎飞瀑成溪

至少表明：韩愈的《南山诗》在诗艺方面也定有了得之处吧。我们且看《南山诗》的秦岭文化地理成就。

首先，开篇三句的"吾闻京城南，兹惟群山囿。东西两际海，巨细难悉究。山经及地志，茫昧非受授"表明：华夏地理经典的《山海经》和《汉书·地理志》等，对于秦岭终南山的记述，不能令人满意。于是他才"团辞试提挈，挂一念万漏。欲休谅不能，粗叙所经觏"。至少就韩愈个人言，《南山诗》是欲罢不能啊！其中的"挂一念万漏"，是现代成语"挂一漏万"的出典。

其二，"春阳潜沮洳，濯濯吐深秀。岩峦虽嵂崒，软弱类含酎。夏炎百木盛，荫郁增埋覆。神灵日歊歔，云气争结构。秋霜喜刻轹，磔卓立癯瘦。参差相叠重，刚耿陵宇宙。冬行虽幽墨，冰雪工琢镂。新曦照危峨，亿丈恒高袤"，写全了秦岭四季的春夏秋冬。韩愈希望一诗代万篇。

其三，"明昏无停态，顷刻异状候。西南雄太白，突起莫间簉"表明：秦岭太白山的景观和气候带谱，韩愈已经观察到了。太白山景观气候

上的"明昏无停态，顷刻异状候"，是紧接着秦岭四季的春夏秋冬的，恐怕不是随便的秩序安排吧。太白山的"顷刻异状候"究竟如何，且观秦岭的春夏秋冬吧。

其四，韩愈的《南山诗》，是其著名的《左迁至蓝关示侄孙湘》的后设叙事与南山史诗："前年遭谴谪，探历得邂逅。初从蓝田入，顾盼劳颈脰。时天晦大雪，泪目苦朦瞀。峻涂拖长冰，直上若悬溜。褰衣步推马，颠蹶退且复。""顾盼劳颈脰"的冷噤迷茫、"泪目苦"却睁不开眼睛、"颠蹶退且复"的狼狈不堪等丰富细节，既具体注解了《左迁至蓝关示侄孙湘》"云横秦岭"的巨大危机，也确证了《左迁至蓝关示侄孙湘》抒情的客观品质。反言之，如果没有《左迁至蓝关示侄孙湘》的深切情感力量，《南山诗》的巨大叙事便缺个体性缘由，很容易雷同于铺陈空洞的汉大赋。中国没有出现过史诗，原因就在于：要么缺乏情感力量，要么缺乏人生历程，要么缺乏叙事的结构原理。韩愈的《南山诗》由于和《左迁至蓝关示侄孙湘》的呼应关系，已经表明了其写作的情感背景和人生遭际。

其五，韩愈的《南山诗》采取了一种叙事的史诗结构原理。《南山诗》叙事是"易象"结构。《南山诗》是韩愈诗歌写景状物的代表作，首引后天八卦方位，以写南山位置之重要，又采汉赋之法为诗，诗中叠用51个"或"字，"或"句中连引《剥》《姤》《离》《夬》四卦，以显南山雄奇之貌。韩愈本为儒家巨子，对易学熟稔于心，故本文试缕析《南山诗》中所引用到易学之"象"，其具体表现在四个方面：①援用八卦的方位，以凸显终南山地理位置的险要；②受《说卦传》的影响，铺陈且化用易象而成诗中之物象；③深悟《周易》取象之精髓，多人心营构之象，故《南山诗》之物象多非实写之象，取其象征之旨；④体察易学观物取象，参赞天地之神，契取易学日月同功之用，故整首《南山诗》充溢着雄浑的气质，与韩愈兼济天下的志气相符（朱天助）。"吾闻京城南，兹惟群山囿"是秦岭山，在南方乾位；"昆明大池北，去觐偶晴昼"是昆明水，在北方坤位。"易象"的乾坤结构，在《南山诗》即"山"（终南山）"水"（昆明池）结构，一种山南水北结构。山水结构，又进一步对应了"仁者乐山，智者乐水"的人文哲学原理。就韩愈而言，两年前的

◎山中流瀑

《左迁至蓝关示侄孙湘》是一位仁者的南山故事,现在的《南山诗》则是一个智者乐水——对昆明池的欣赏。《南山诗》一大半的内容,包括51个"或"的连用,都是围绕着翠华湫和昆明池湖水的景色描写。"吃一堑,长一智"是教育学的一个人文原理。《左迁至蓝关示侄孙湘》的沉重打击,使那位激烈忠诚的仁者成了一位可以欣赏昆明池湖水的智者;使他在"云横秦岭"天下闻名的抒情诗之后,完成了这首鲜为人知、颇遭曲解的《南山诗》史诗。韩愈的《南山诗》是秦岭终南山迄今为止唯一的写景叙事史诗,既有昆明湖水的阴晴明灭,又有秦岭山的春夏秋冬,更有一位仁者获得感悟的四季心情。宋代黄庭坚的《诗眼》所谓的"而《南山诗》虽不作,未害也"云云,看来不仅未得"诗眼",竟然尚在《南山诗》史门外!韩愈的《南山诗》的尾声正是:"鸿荒竟无传,功大莫酬僦。"

谁人不起故园情

20世纪80年代,日本电影《望乡》,凄切感人,至今记忆犹新。英国作家哈代有长篇《还乡》。德国浪漫诗人诺瓦里斯认为,哲学就是"哀愁者的精神还乡"。华夏文明中,《易经》六十四卦,其中之一为"复"卦。《老子》有"吾以观其复"——先哲之"复",即"见天地之心"的心灵还乡。心灵还乡即今日所谓的"精神家园"问题。还乡的人文主题,

◎终南山之秋

盛唐诗人做了艰苦卓绝、震古烁今的艺术表现。秦岭荫庇长安,位处京畿,在很大程度上成了唐代最伟大的精神意向与家园象征。盛唐南山诗透出浓郁芬芳、无限情深的家国故园情。著名的作品有:《忆昔》2首、《秋兴》8首(杜甫)、《送韦八之西京》《送族弟沈之秦》《对酒忆贺监》3首(李白)、李白《登金陵凤凰台》"长安不见使人愁"、元稹的《西归》绝句12首,岑参的《见渭水思秦川》《行军九日思长安故园》和《赴北庭度陇思家》、韦庄的《长安旧里》《菩萨蛮》《梦入关》、常建的《梦太白西峰》……都是在梦境里,回到长安,回到秦岭终南山!

先看韦庄的《长安旧里》:

满目墙匡春草深,伤时伤事更伤心。
车轮马迹今何在,十二玉楼无处寻。

韦庄(836—910年),字端己,长安杜陵(今西安)人,乾宁进士,此前曾漫游各地。曾任校书郎、左补阙等职。后入蜀,为王建掌书记。王氏建立前蜀,任他为宰相,后终身仕蜀。他的诗词都很著名,诗极富画意,词尤为工整,与温庭筠同为"花间"重要词人,有《浣花集》。长安终南山是韦庄的家乡。《长安旧里》是怀着感伤的还乡。"伤时伤事更伤心"——韦庄的城南旧事,充满伤感,是泪湿梦境的故乡家国情!韦庄的《菩萨蛮》写道:"人人尽说江南好,游人只合江南老。春水碧于天,画船听雨眠。垆边人似月,皓腕凝霜雪。未老莫还乡,还乡须断肠。""游人只合江南老"的一个"老"字,就把国破家亡、地老天荒、断肠人"在江南"写完了!

江南,"春水碧于天"是多么美好!美女,"垆边人似月"是多么妩媚!这一切都不是韦庄能够认同的精神家园,韦庄体味的是"游人老"、异乡人的哀愁。这样的哀愁,首先源于国破家亡的历史遭遇。韦庄应举时,适遇黄巢犯阙,长安沦陷。韦庄的《秦妇吟》有"内库烧为锦绣灰,天街踏尽公卿骨"。国破惨景,触目惊心!国破之际,韦庄想还京城长安和终南山的家乡只能是日本电影《望乡》中那种凄切感人的"望乡"了。

韦庄的四世先祖韦应物,也是著名诗人。韦应物与李白、杜甫为同时代人。韦应物出身"高干家庭",15岁为唐玄宗的贴身警卫,所谓"以三卫郎事玄宗"。经过安史之乱,韦应物由浪漫侠情青年变成平静朴实

©终南美景

官员。诗风也平静朴实,我们看他的两首诗。其一,《淮上喜会梁州故人》:"江汉曾为客,相逢每醉还。浮云一别后,流水十年间。欢笑情如旧,萧疏鬓已斑。何因不归去?淮上有秋山。"其二,《子规啼》:"高林滴露夏夜清,南山子规啼一声。邻家孀妇抱儿泣,我独展转何时明。"

作为皇家卫队出身的韦应物,在秦岭终南山,能够谛听子规夜啼,能够关注抱儿孀妇,能够因家国之事辗转难眠,俨然一个有抱负、有理想、有情怀的优秀知识官员。安史之乱,韦应物变化巨大,收获巨大!变化之大,可谓脱胎换骨;收获之大,可谓立地成佛。韦应物诗中的"子规啼"源于"子规啼血"的著名典故。据《华阳国志》与《蜀王本纪》记载,望帝杜宇称王于蜀(前666年以前的春秋时代),相思于大臣鳖灵的妻子。望帝以其功高,禅位于鳖灵。之后,望帝修道,处西山而隐,化为杜鹃鸟,至春则啼,滴血则为杜鹃花。这声声啼叫是杜宇对魂牵梦萦的佳人的呼唤。李商隐诗有"望帝春心托杜鹃",出典即此。"子规啼"和"子规啼血",在中国古典文明中,既是爱情、家庭和忠诚良知的呼唤与象征,也是不屈不挠、坚毅还乡的友谊和情志的诗意言说。如李白的《闻王昌龄左迁龙标遥有此寄》:"杨花落尽子规啼,闻道龙标过五溪。我寄愁心与明月,随君直到夜郎西。"

李白作为盛唐诗歌的最强音和最高象征,首先源于他的感情、友情和道情无比丰富。盛唐还乡诗歌的最强音,也源自李白无比深情的家国情怀。在脍炙人口的《静夜思》中,李白有"举头望明月,低头思故乡"的深沉思乡;在八面临风的《登金陵凤凰台》,李白唱出了"总为浮云能蔽日,长安不见使人愁"的深情忆恋;在举手择月的《登太白峰》中,李白唱出了"一别武功去,何时复见还"的相约明天。他的《金乡送韦八之西京》写道:

客从长安来,还归长安去。
狂风吹我心,西挂咸阳树。
此情不可道,此别何时遇?
望望不见君,连山起烟雾。

这首诗写于天宝八年（749年）。这年春天，李白从兖州出发，东游齐鲁，在金乡（今属山东）遇友人韦八回长安，写了这首送别诗。

从诗的首两句来看，韦八似是暂来金乡做客的，所以说"客从长安来，还归长安去"。这两句诗像说家常话一样自然、朴素，好似随手拈来，毫不费力。三、四两句，凭空起势，想象奇特，形象鲜明，可谓神来之笔，而且带有浪漫主义的艺术想象。诗人因送友人归京，故思及长安，把思念长安的心情表现得神奇、别致、新颖、奇特，写出了送别时的心潮起伏。"狂风吹我心"不一定是送别时真有大风伴行，而主要是描写送别时心情激动，如狂风吹心。至于"西挂咸阳树"，把我们常说的"挂心"，用虚拟的方法，形象地表现出来了。"咸阳"实指长安，因上两句连用两个长安，故此处用"咸阳"代之，避免了词语重复使用过多。这两句诗表达出诗人的心已经追逐友人而去，很自然地流露出依依惜别之情。"此情不可道，此别何时遇"二句，话少情多，离别时的千种风情、万般思绪，仅用"不可道"三字带过，犹如"满怀心腹事，尽在不言中"。最后两句，写诗人伫立凝望，目送友人归去的情景。当友人愈去愈远，最后连影子也消失时，诗人看到的只是连山的烟雾，在这烟雾迷蒙中，寄寓着诗人与友人离别后的怅惘之情。"望"字重叠，显出伫望之久和依恋之深。

如果用诗圣杜甫的语言，李白这种对长安和秦岭终南山的深情怀恋，叫作"故园心"和"望京华"。"故园心"和"望京华"出自杜甫著名的《秋兴》八首。在《秋兴》之一，杜甫唱出了"丛菊两开他日泪，孤舟一系故园心"。在《秋兴》之二，杜甫唱出了"夔府孤城落日斜，每依北斗望京华"。

杜甫的"故园心"和"望京华"，和李白"狂风吹我心，西挂咸阳树"，都指向唐代国都长安和秦岭终南山。还有岑参的《西过渭州，见渭水思秦川》、白居易的《重到渭上旧居》、孟浩然的《岁暮归南山》……无不表现了对京城长安的一往情深，无不表现了对秦岭南山的故园怀念。正如李白所言："谁人不起故园情！"

汉水渭河唐诗源

中国古典文化,山水表品位,河山喻社稷,山海指天下。秦岭南坡是汉江,秦岭北麓是渭水。汉水渭河,两川一源,与秦岭构成了大自然的神山灵水,是一幅天道吐纳、云卷月照的恢宏画卷。盛唐诗歌,对汉水渭河,耳濡目染,呼吸其间,一片深情雅唱:"重峦俯渭水,碧嶂插遥天"(李世民);"汉水既殊流,楚山亦此分"(李白);"渭水东流去,何时到雍州"(岑参);"发源自嶓冢,东注经襄阳"(梁洽)。汉水渭河既发源于秦岭,也必然会成为诗唐灵感的重要来源。

汉水诗韵,源远流长。《诗经·汉广》写道:"汉有游女,不可求思。汉之广矣,不可泳思。"高山分水,水阔隔人,《诗经·蒹葭》唱到:"蒹葭苍苍,白露为霜。所谓伊人,在水一方。溯洄从之,道阻

◎ 汉江行舟

且长。溯游从之，宛在水中央。"孔子感叹道："逝者如斯夫，不舍昼夜。"水的流动、水的涟漪、水的宽阔，皆易触发人的乡思归情。宋之问的《渡汉江》：

岭外音书断，经冬复历春。
近乡情更怯，不敢问来人。

诗中的"岭外"，即秦岭南山。"经冬复历春"，是时间的悠悠岁月；"岭外音书断"，是空间的山隔水阻。巨大的时空距离与落差，隔绝了"乡情"传递的任何可能性，引发了诗人心情上的巨大涨落。"近乡情更怯"，一个"怯"字，活现出诗人"近乡情"的纯真、细腻和浓厚。"羞怯"往往意味着人的纯真乃至圣洁的内心情愫，是向无限希望的伦姿开放。现代美学，已经有人将"羞怯"提升到了真理性的高度。它与诺瓦里斯"哀愁的还乡"，出自同样的诗学眼光。宋之问的《渡汉江》为"羞怯"的现代审美提供了唐诗例证；即通过渡汉江而写愁思归情。

◎绝色渭河

李白的《拟古十二首（其十二）》同样通过汉水，写人的愁思归情。"去去复去去，辞君还忆君。汉水既殊流，楚山亦此分。……望夫登高山，化石竟不返。"李白这里的愁思归情，似乎要浓于《渡汉江》，因为这里是分手，于是有了全诗结语的奇思警句："登上高山，化成山石，永远相望！"丹江是汉水的最大支流，元稹的《西归绝句（其二）》写道："五年江上损容颜，今日春风到武关。两纸京书临水读，小桃花树满商山。"

"五年江上损容颜",指左迁江州岁月之事,"损容颜"朴实且意味深长。一是岁月"损"人,二是左迁"损"人,三是归愁"损"人。了解此点,便好理解"今日春风到武关"了;"回来了",终于要回到京城长安了!秦汉武关,位于商洛丹凤县,是丹江与江汉平原交通道路上的古代名关。"两纸京书临水读",诗人坐在丹江河畔,读着将要回京的京书,"事""情""理"交融无间!"小桃花树满商山",商山是陶渊明的《桃花源记》写实原型之处,"桃源"就在丹江吧。"桃源"在唐朝已是理想幸福的净土与代名词。坐在丹江畔,读着长安书,望着桃花初开,诗人一定是惬意极了,幸福极了!桃源、丹江、汉水、长江是顺水而汇,应流而下,诗人的行踪却是溯源还乡,真正的生命逆旅,幸福的生命逆旅。江汉浩阔,真是漂泊无栖;桃源隔世,正是幸福家园。在《西归绝句(其九)》中,元稹写道:"今朝西渡丹河水,心寄丹河无限愁。若到庄前竹园下,殷勤为绕故山流。"

尽管是回家的返程,但眼前东流不息的丹河依旧记忆着无限的乡愁。丹河水啊,若流到下游那个庄前的竹园,在陪伴多年的故山多停留一会儿吧。贴切、自然、逼真,无限哀思,水到渠成。人的"无限愁",从此"心寄丹河",逝矣,逝矣!"春风到武关""桃树满商山",轻松快乐,跃然纸上。与此相映成趣,心绪两般的是韩偓的《过汉口》:

浊世清名一概休,古今翻覆腾堪愁。
年年春浪来巫峡,日日残阳过沔州。
居杂商徒偏富庶,地多词客自风流。
联翩半世腾腾过,不在渔船即酒楼。

"来巫峡""过沔州",即漂泊在外。"半世腾过",渔船是愁源,酒楼是浇愁。"浊世清名一概休",哪里还有心绪计较?哪里还有元稹那种叮咛河水多"绕故山流"的心绪兴致呢?与韩偓的《过汉口》同调的是崔涂的《初过汉江》:"襄阳好向岘亭看,人物萧条值岁阑。为报习家多置酒,夜来风雪过江寒。"由于是"初过汉江",诗人还有心致"好向岘亭看"。是不是如李白诗中期望的那种"望夫登高山，化石竟不返"，我们不得而知。"人物萧条"可是明写着的。"值岁阑"，已近岁末，今年也就差不多快完了。一种消沉敷衍，溢于言表。为了适应这里，崔涂未来的度世办法，也许与韩偓一样："多置酒"吧！

是不是也要这样"半世腾过"，天知道！崔涂的《初过汉江》的时间是岁末冬天，而元稹的《西归绝句》是岁始春天。两人诗境景象呢，一个是"夜来风雪过江寒"，一个是"小桃花树满商山"。同一条汉水，离秦岭近是一种心情，远离秦岭则完全是另外一种心情。接近秦岭还是远离秦岭，决定着汉水岸上游人的心情，是希望、轻松、幸福，还是失望、沉重、感伤。杜牧的《汉江》却是意外，一片冲淡超然："溶溶漾漾白鸥飞，绿净春深好染衣。南去北来人自老，夕阳长送钓船归。"

"人自老"，无论是你"南去"还是"北来"。"钓船归"，还常常夕阳陪送：看不出李商隐的"向晚意不适"，倒有可能是杜甫那种"仙侣同舟晚更移"。"夕阳长送"，霞光映江，夕阳渐沉，如此时常护送，甚美！在杜牧的《汉江》，溶溶漾漾的浩阔就不再是异乡漂泊的无栖，而是白鸥翻飞的自在轻松。汉江的绿净情深，既是"好染衣"也是"好心情"。杜牧在《汉江》，过得很好。与"小杜"相比，"老杜"就"差"了。杜甫的汉江与战争相关，《绝句》之三："殿前兵马虽骁勇，纵暴略与羌浑同。闻道杀人汉水上，妇女多在官军中。"这是盛唐的不幸，诗人的不幸，也是汉水的不幸。

与汉水为姊妹河流、隔着秦岭相望的是渭河，磻溪垂钓、灞柳伤别、八水长安都是围绕渭水的文明经典，特别是唐太宗李世民一句"重峦俯渭水"，既划出了秦岭与渭河的一气血脉，也给渭水上空注入了浑厚的王风御气。由于渭河从关中平原正中泱泱淌过，渭河的南岸北岸并不影响人心的涨落，能引发人心悸动的是沿渭河上下的东西方向。

杨凝的《夜泊渭津》："飘飘东去客，一宿渭城边。……渐觉家山小，残程尚几年。"这是向东离去的乡愁，与李白的"灞柳伤别"是同一个方向。

有唐一代，李白之外，论慷慨义气，应数岑参。李白著名的《将进酒》中的"岑夫子,丹丘生,将进酒,杯莫停",其中的"岑夫子"即指岑参。杜甫的《渼陂行》中的"岑参兄弟皆好奇,携我远来游渼陂。""携我远来",见出杜甫和岑参的友谊之深。岑参出身于官僚家庭,曾祖父、伯祖父、伯父都官至宰相。他与同代的高适齐名且并称"高岑"。他父亲两任州刺史,但却早死,家道衰落。天宝三年(744年),30岁的岑参时中进士,授兵曹参军。天宝八年(749年),充安西四镇节度使高仙芝幕府书记,赴安西,751年回长安。754年又做安西北庭节度使封常清的判官,再度出塞。安史之乱后,至德二年(757年)才回朝,前后两次在边塞共6年。岑参的慷慨义气,与边塞的绮丽辽阔有关系。岑参义气慷慨,也一往情深,他在《西过渭州,见渭水思秦川》中写道:"渭水东流去,何时到雍州。凭添两行泪,寄向故园流。"这是边塞生涯中,岑参在渭水上游,向东方故园寄去的乡愁。杨凝在《夜泊渭津》中说的"飘飘东去客",在长安的东边,渭水的下游;岑参是在长安的西边,是渭水上游的西出阳关。王维著名的《送元二使安西》写道:"渭城朝雨浥轻尘,客舍青青柳色新。劝君更尽一杯酒,西出阳关无故人。"与岑参方

◎宝鸡金湖吊桥

向一样,区别是:王维是在渭水岸边的长安京城送友人;岑参自己却是即将远离京城长安的故乡人。岑参对京城故乡的感情之深,非其他诗人可比,他不仅情寄渭水,还描写秦岭的渭水支流。在《首春渭西郊行,呈蓝田张二主簿》中,岑参以"闻道辋川多胜事,玉壶春酒正堪携"描写灞河;在《沣头送蒋侯》中,岑参以"君住沣水北,我家沣水西。两村辨乔木,五里闻鸣鸡。饮酒溪雨过,弹棋山越低。徒开蒋生径,尔去谁相携"描写沣河;在《终南云际精舍寻法澄上人不遇,归高冠东潭石》一诗中,岑参写道:"昨夜云际宿,且从西峰回。不见林中僧,微雨潭上来。……崖口悬瀑流,半空白皑皑。喷壁四时雨,傍村终日雷。"

"云际精舍"即云际寺,位于秦岭户县的太平峪。法澄上人、新罗僧人曾住于此,诗中,岑参夜宿云际寺,第二天又游览其东的高冠潭,高冠潭有著名的高冠瀑布。"崖口悬瀑流,半空白皑皑。喷壁四时雨,傍村终日雷",即岑参对高冠瀑布的入神描写。在渭水支流,秦岭的高冠峪口附近,岑参修有别墅,是诗人在关中故乡的家园。

子午《分水岭》诗唐《玄都观》

秦岭是中国自然地理乃至人文地理的分水岭。山南归长江水系,山北归黄河水系,是其作为自然的分水岭;南舟北车,南巴蜀北秦川,是其人文地理的分水岭。唐朝诗人欧阳詹在《题秦岭》中写道:"南下斯须隔帝乡,北行一步掩南方。悠悠烟景两边意,蜀客秦人各断肠。"即从分水岭描写秦岭的"专题诗"。另外,直接以"分水岭"为题,唐诗还有元稹的《分水岭》、温庭筠的《过分水岭》和吴融的《分水岭》。温诗与欧阳詹一样,是一首四句七绝诗。写道:

溪水无情似有情,入山三日得同行。
岭头便是分头处,惜别潺湲一夜声。

秦岭的分水岭之义,相比而言,欧阳詹的《题秦岭》显得平实无华,温庭筠的《过分水岭》则智巧许多。温庭筠以"无情似有情"为纲,写的是两重分别:一重是人与水的关系,先是"三日同行",接着是"岭头分别";一重是北流与南下,是不言而喻的地理常识与想象。吴融的《分水

◎子午金仙观

岭》是七言律诗。全诗写道:

> 两派潺湲不暂停,岭头长泻别离情。
> 南随去马通巴栈,北逐归人达渭城。
> 澄处好窥双黛影,咽时堪寄断肠声。
> 紫溪旧隐还如此,清夜梁山月更明。

前四句和欧诗相若,以"通巴栈"和"达渭城",分别与蜀客秦人的断肠。断肠在欧诗是直接写出,在吴融是间接性的,在第三句:"澄处好窥双黛影,咽时堪寄断肠声。"有"双黛影"作比,就强化了"断肠声",都属于"分水岭"的功能与自然性,是"无我之境"。最后两句变中("月更明")有不变("还如此"),分属于南山北麓的"清夜梁山"与"紫溪旧隐",进一步强化了分水岭的断肠之声。欧诗与吴诗皆是站在分水岭的描写角度,温诗则是登上分水岭叙述方向:前者两眼观两水,后者睹水身后流;前者深情中无情,后者无情似有情。元稹的《分水岭》最长,为五言古风。

欧、温、吴三诗,着眼点都是"分水岭"南北相分的无情"断肠"处。元稹却相反处理,写水相分而有情:"朝同一源出,暮隔千里情。"这与前面三位诗人的确不同。三诗人的着眼点是分水岭的南北相分,朝暮相别。元诗一开始则写分水岭的上下崔嵬:"高下与云平"元诗与三诗人的最大不同还是诗的后半部分。"奔波奚所营"以上,是诗的前半部分,"团团井中水"以下是诗的后半部分。这种不同表现在两个方面:其一,三诗人都以景为主,兼抒情,可看作写景诗或景物诗;元诗则以景为次,以寓意为主,属抒情诗或寄寓诗。其二,尽管都写景,三诗人都是眼前(眼中)之景;元诗除眼前之景外,尚写心中之景。这心中之景,即以诗的下半部分开始:"团团井中水,不复东西征",既响应了前面"偏浅无所用,奔波奚所营",又引出"上应美人意,中涵孤月明"。

"中涵孤月明"好理解,即月映井中水的景色。如果联想元稹怀念他妻子的"曾经沧海难为水,除却巫山不是云"的名句来看,则此《分水岭》的

"美人意"更显明朗。"孤月明"中，的确是含着"美人意"！解此，则下面的"旋风四面起，井深波不生"就显然是对坚贞深沉之爱情的赞美了。"终年汲引绝，不耗复不盈"，表示爱的平淡境界。"既寒亦既清……"六句，是对永恒坚定性的讴歌。"定如北极"与"君客如水"，则是两种人生情感态度的对照，先扬后抑则不言而喻。就这样，元稹笔下的《分水岭》，从前面三诗人"分水断肠"的传统主题中解放出来，不单写出了分水的"千里情"，并且写出了"井中水"对"奔波奚"的接纳和拯救，写出了"上应美人意"，写出了"易时不易性，改邑不改名"的伟大之爱。从"分水岭"写出"守心歌"，奇哉，元稹之诗！从"断肠处"写出"孤月心"，高哉，元稹之义！在元稹的《分水岭》中，蜀客秦人之悲，变成千里朝暮的相思之情；秦岭南北相分之水，变成子午的南北相通之道。

且看朱庆馀的《登玄都阁》："野色晴宜上阁看，树荫遥映御沟寒。豪家旧宅无人住，空见朱门锁牡丹。"朱诗对玄都观本身无多言说，以"野色御沟""豪宅无人""朱门牡丹"写世事空幻与玄都之奢。杜甫的《玄都坛歌寄元逸人》是关于玄都坛最丰富、也是最重要的一首唐诗，其特点是，既写地方（玄都坛）也写人物（元逸人）。元逸人即李白《将进酒》诗中的丹丘生，名叫元丹丘。杜甫在这首《玄都坛歌寄元逸人》中的描写是："故人今居子午谷，独在阴崖结茅屋。"虽然是"阴崖茅屋"，太古玄都坛——尤其是"玄"的人格代表，诚非丹丘生莫属！杜甫从"青石漠漠""王母云旗"，推测元丹丘会在玄都坛长往以住——"日应长"，这并不一定。玄都坛，自汉武帝以来，既修有富家豪宅，也有幽人茅屋；前者谓"都"，后者呈"玄"。没有前者，幽人不栖，势同荒山蒙峰；没有后者，豪门旧宅，形若普世废墟。子午谷玄都坛，在唐朝有元丹丘给以深刻代表，在现代则以金仙观而复活。元丹丘即金仙，以金仙名观，可谓宜哉！最后看刘禹锡的《游玄都观》。

游玄都观

紫陌红尘拂面来，无人不道看花回。
玄都观里桃千树，尽是刘郎去后栽。

再游玄都观

百亩庭中半是苔,桃花净尽菜花开。
种桃道士归何处,前度刘郎今又来。

　　刘诗与朱诗一样,主要写世变空幻:一个以豪家旧宅(朱),一个以桃树有无(刘)。从刘禹锡的叙述中,见出他三赴玄都观游览。第一次去,无桃花;第二次因桃花去;第三次去,又无桃花。刘禹锡比李白、杜甫晚,与道人的关系也淡。不必说李白与丹丘生的唱和行酒,杜甫也知其"昔隐东蒙峰""今居子午谷"。而刘禹锡由于坎坷命运,几遭大贬,连"种桃道士归何处"也不甚了之。刘禹锡的诗中,充满愤世嫉俗的讽刺,深层缘由是:从刘禹锡个人来说,几遭大贬,"巴山楚水凄凉地,二十三年弃置身"(《酬乐天扬州初逢席上见赠》),悲叹难免,愤世合情。从唐代文明来说,玄都坛已经由李白、杜甫时候的秦岭东蒙峰,迁移到了京城长安的繁华闹市,变成了刘禹锡所见到的"桃花净尽菜花开"的世俗化玄都观。

◎秦岭分水岭

第五章
《诗经》唱南山

对于秦岭的文化地理，《诗经》有三个根本性的突出意义：其一，最早的吟诵描述，使秦岭的山水林风在3000年前开始进入人类的文本世界。其二，《周颂》中的周文王、周公、召公作品，属国家政治生活中的宗庙大唱——相当于现代社会的"中央文件"，使描述秦岭的诸多诗篇具备国家品质和权威形象。其三，秦岭终南山，位于周朝首都京畿的南方，由于《诗经》的深情歌唱，使得"南山"作为秦岭的文化地理命名，具有超越中国其他山脉的权威性与优先性。在很大程度上，"南山"乃是秦岭的文化专有名词。

《周颂·清庙之什·天作》中的"天作高山，大王荒之"，歌唱的是周朝文武王对宝鸡西秦岭一带的最早拓荒，也是自然地理（"天作高山"）与人文地理（"大王荒之"）的最早相遇与融合表达。《周颂·闵予小子之什·般》中的"於皇时周，陟其高山，堕山乔岳。允犹翕河"，既写了周王封禅登山与天对话，也开始描写周朝的自然地望。《大雅·文王之什·文王有声》"既伐

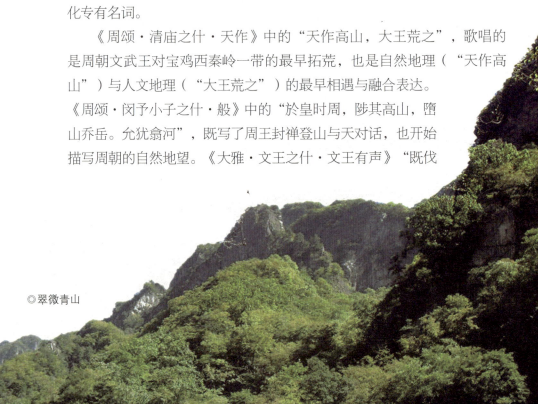

◎翠微青山

◎溪山春晓图（范宽）

于崇，作邑于丰""丰水东注，维禹之绩""考卜维王，宅是镐京""丰水有芑，武王岂不仕"，是西周早期迁移到秦岭终南山留下的历史文化的宝贵诗篇。其一，它反映了西周已经从西秦岭的西岐迁都于渭河南岸、终南山下的丰镐两京，国家的政治中心已从西秦岭东迁到中秦岭的今日长安终南山下。其二，它写出了周文王与周武王的政权交替信息及其先丰后镐的国都之变。具体说，丰京位于秦岭今日沣河的西岸，镐京位于秦岭今日沣河的东岸。其三，"丰水东注，维禹之绩"，既包含了重要的秦岭上古的自然地理信息（"丰水东注"），也包含了同样重要的上古历史地理内容（"维禹之绩"），因而受到史念海等专家学者的高度重视。[①]谓《文王有声》是早期西周秦岭最为宝贵的历史地理诗篇，应不为过。

[①]参见史念海：《河山集》第九卷，陕西师范大学出版社2006年版，第335页。

《国风·豳风》中的《七月》，是记录秦岭关中物候的重要诗篇。《车邻》是《国风·秦风》的首篇，也是秦岭的爱情之歌。其中的"既见君子，并坐鼓瑟"，3000年后，在今日的秦岭终南山田峪山歌，可见悠远遗风。《秦风·蒹葭》也是一首爱情诗篇，其"蒹葭苍苍，白露为霜"的自然之美，其"所谓伊人，在水一方"的爱慕之美，其"宛在水中央"的水天一色与距离审美，道出了恋爱哲学的基本心态和全部奥妙。《蒹葭》永恒感人，魅力之巨大，直至20世纪80年代，林兴宅在《艺术魅力的探寻》，仍将《蒹葭》作为经典文本个案。

《秦风·终南》《白华之什·南山有台》《祈父之什·节南山》，在《诗经》中都直接以南山为诗歌篇名，也是研究秦岭人文地理的历史名篇。且看《秦风·终南》：

终南何有？有条有梅。君子至止，锦衣狐裘。颜如渥丹，其君也哉！
终南何有？有纪有堂。君子至止，黻衣绣裳。佩玉将将，寿考不忘！

终南山，究竟有什么？丝绸衣裳，袖口狐裘。看吧，红梅与山楸。容颜那么好，气色那么好！尊贵的君子，来到山麓那就是终南山的王啊！

终南山，究竟有什么？衣着彩缎，配以锦绣。看吧，小室与大堂。玉佩多么美，玉响多么亮！尊贵的君子，来到山麓南山般永恒的君啊！

《秦风·终南》两段十行，篇幅甚短，而内容极丰。它以"终南何有"之问开篇，这在全部《诗经》中绝无仅有，又高妙无比。终南山有红梅与山楸，有小室与大堂，似乎是"终南何有"的正面回答。这种正面回答又是表面回答。"君子至此"与"终南所有"有什么关联吗？"至此"的"君子"不是南山的所有者吗？略作分析之后，且让我们回答。这君子穿锦衣绸缎并配以狐裘，就是终南山的物产啊。这君子驾的车和佩的玉，也是终南山的物产啊。"终南何有？"它有这衣饰尊贵、气宇轩昂的君子啊！这便是终南山的人文气息之所在了。但这尚不是"终南何有"的最深层回声。"终南何有"的最深层声音是什么呢？答案在最后一句："佩玉将将，寿考不忘。"在"佩玉将将"之前，无论是自然方面的"有条有梅",还是人文方面的"锦衣狐裘",都还属于可直接视知的直观形象。"佩玉将将"的已是听觉声音,得靠耳朵再加上我们的想象了。没有想象力,诗歌(文字)对声音的传达将陷于绝望。与视知形象相比,耳听的声音对象既在空间弥散传播,又在时间流逝飘扬;既困难又高雅,直接对注意力、精神度提出心灵诉求。

"佩玉将将"作为声乐美,以其流动性、无限性,除耳朵之外,呼请"心"的参与把握了。如果说,"佩玉将将"还是间接要求"心"参与把握"终南何有",紧接着的也是全诗定调高潮的"寿考不忘",则以明白无误的时间无限性概念,要求参与把握"终南何有"的,不是眼睛

◎ 豳风图之二

（"有条有梅"）、不是耳朵（"佩玉将将"），也不仅仅是心灵感受，而必须是情感想象与价值期望！以情感想象为中介的价值期望，已经涉及"未来心"了。"终南何有"的深层答案，正是心灵事件。"寿考不忘"，正指涉了终南所有的无限性丰富内容。先是自然的"有条有梅"，继而是人文的"锦衣狐裘"；先是视知的"条梅""狐裘"，继而是声音的"佩玉将将"；先是"佩玉将将"的视知无限性，继而是"寿考不忘"的时间无限性，这便是"终南何有"的基本诗路和深层回答。从终南所有的无限性，启发出终南拥有的无限性；从终南拥有的无限性，比兴出终南所有的无限性。秦岭终南山与其所有的对象（"君子"）皆备有无限性，两者之间存在一种同构生成的转换关系。此种同构生成的转换关系，在《诗经》的修辞上，即所谓的比兴手法。就秦岭文化地理看，即自然地理和人文地理的同构生成；学界"滥用"着的"天人合一"，即此种自然地理和人文地理的转换关系。此种关系，在《小雅·鹿鸣之什·天宝》中写得最为充分明确："天保定尔，以莫不兴，如山如阜……如南山之寿，不骞不崩。""南山之寿""寿考不忘""寿比南山"：秦岭空间上的巨大性产生时间上的无限性；自然地理的空间巨大性产生人文地理的时间无限性，《诗经》中对南山歌唱的伟大意义即此。近乎三千年了，"南山之寿""寿比南山"仍然活在汉语的精神世界，其本身就是一种时空结晶的无限性概念："南山"直接意味着"寿"，"寿"直接攀比"南山"！

《秦风·终南》以外，《诗经》中还有三首"南山诗"，同样美妙无比，同样丰富无比，我们留给热爱《诗经》的朋友们自己欣赏了。我们在此的建议仅是，欣赏《诗经》南山诗，就像我们一起对《秦风·终南》的赏析一样，不仅是"看"，还要"听"；不仅是"看听"，还要求情感渗入的"感悟"。孔子对《诗经》总结的"比兴"，不是诗学修辞技巧，更不是专家、学者、老人们的学问范围，而是自然地理和人文地理的同构关系问题，更是人类审美的心灵直觉原理。《诗经》中的"南山"无法让我们每个人站立起来，秦岭中的"南山"却依然站立在当今世界。如果今日在秦岭旅游，仅仅"看"与"听"也不够的话，那么，体会几千年前《诗经》中的"南山"，也就更需要完成个人的心灵直觉和升华了。

陶令见南山

纵观南山诗篇,陶渊明的"采菊东篱下,悠然见南山",应该最为人们熟知了,尤其是"悠然见南山",既让诗家(如苏轼)推崇无比,显得至为高妙,也让普通百姓乐于诵咏,变为口头禅。在今日的西安书院门,书法家多有书之。杭州黄龙宾馆的石壁雕刻上,也刻有"悠然见南山"。人们会问:"悠然见南山",何以如此广为流传呢?陶渊明的南山诗,写的是今日秦岭终南山吗?

陶渊明(约365—427年),字元亮,号五柳先生,谥号靖节先生,入刘宋后改名潜。东晋末期南朝宋初期诗人、文学家、辞赋家、散文家。"悠然见南山"一开始,也并不知名。陶渊明"悠然见南山"中的"南山",是确指还是泛称?如果是确指,陶诗的"南山"是指哪一个山脉呢?陶渊明做过彭泽县令,并隐居于庐山下,"南山"应该指称庐山吧?

©坐卧见南山

然而，就是《桃花源记》中的武陵，史学大师陈寅恪认为，其实指部分在中国北方，具体位置应该是陕西商山，即秦岭山系。对于陈寅恪先生的考证，汪容祖教授等学者认为是"百无一失"的。同理，未明言武陵的南山诗，我们将之用来作为对秦岭的人文解读，更未尝不可。除陈寅恪先生研究方法激励外，我们尚有以下理由：其一，在《诗经》的南山诗以后，南山与秦岭有着非此不可的关系，这是就文化地理而言。其二，从自然地理而言，中国国家山系中，尚未有山脉如秦岭一般作为"南山"。其三，从陶渊明《拟古》中的"张掖至幽州"看，他领略秦岭终南山之美无可置疑。在200首诗歌中，陶渊明三次使用"南山"一词，台湾大学教授王叔岷先生将之称为"南山三见"。

"南山一见"在《归园田居之三》中：

◎陶渊明像

种豆南山下，草盛豆苗稀。
晨兴理荒秽，带月荷锄归。
道狭草木长，夕露沾我衣。
衣沾不足惜，但使愿无违。

这首诗为"南山三见"中最为写实的诗作，但寓意仍深。全诗以"种豆南山下"始，以"但使愿无违"终，反讽强烈，迷津弥漫，仅举两大者：其一，"种豆南山下"是陶渊明《归去来兮辞》的"愿"。那么，何以"草盛豆苗稀"呢？是懒吗？他不知"懒"的结果吗？《劝农》给予回答，并且是否定性的："民生在勤，勤则不匮。宴安自逸，岁暮奚冀！"那么，是什么缘由造成"草盛豆苗稀"呢？其二，无论是什么难以究明的具体缘由，结果仍写得分明："草盛豆苗稀。""草盛"显然是"违愿"的，诗却是以"但使愿无违"结束，留下颇为困惑的阅读空间。"但使愿无违"的上句，是"衣沾不足惜"。即使没有"但使愿无违"这样的前提，

◎秦岭田园归

"衣沾"也完全"不足惜"：①对所有"种豆南山下"的人们来说，露水"沾衣"太平常了，根本不足为道。②让任何"晨兴理荒秽"的劳动者来看，如果说露水"沾衣"值得一道的话，那么也应该是"晨露"而不是"夕露"。包括苏轼在内的诗人，都质疑过陶渊明的"夕露"！那么，陶渊明为什么是"夕露沾我衣"？"夕露"其实寄予人生的终极困难和挑战。陶渊明用"夕露"而放弃"晨露"，自有"心"在！貌似最为写实的《归田园居》，看来也并非尽为写实：它以"愿"结束，邀人见"心"。

"南山二见"在《杂诗第七》中，诗云：

> 日月不肯迟，四时相催迫。
> 寒风拂枯条，落叶掩长陌。
> 弱质与运颓，玄鬓早已白。
> 素标插人头，前途渐就窄。
> 家为逆旅舍，我如当去客。
> 去去欲何之？南山有旧宅。

丁福宝笺注："宅，茔兆也。陶公自祭曰：陶子将辞逆旅之馆，永归于本宅。"对于丁注，王叔岷先生认为正确："丁注是也。"那种把"南山有旧宅"释为南山有陶渊明祖先家墓显然狭隘肤浅了。把"旧宅"释为"墓"仍有不妥，陶渊明是在追询"本宅"，即所谓人的精神家园问题，是终极关怀，非现实关心！给陶渊明找"祖坟"的释者，首先误在"现实关心"之窠臼了。陶之高，貌取"自然"，实在"灵智"。其《形影神》诗写道："谓人最灵智，独复不如兹！适见在世中，奄去靡归期。"陶渊明的"在世中"与"奄去"是20世纪德国思想家海德格尔才提出的人的本体论问题，一千年前，陶渊明已在悲凉诗唱。"在世中"是陶渊明独特而伟大的思想贡献；它既不同于道家的"在世外"，也不同于儒家的"在世内"。陶渊明既不做道家"在山上"的"仙"，也不做儒家"在殿下"的"官"。正由于此独特而伟大的贡献，陈寅恪先生认为，陶渊明是"中国

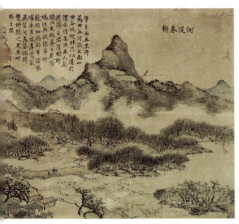

古代第一大思想家"。不仅是"在世中"的先验规定,陶渊明"奄去"所对应的生存"沉沦",以及"靡归期"的本体论晦蔽,也都与海德格尔的现代哲学有异曲同工、大可互阐之契。有了"在世中"的思想准备,有了陶渊明的既不"在山上",也不"在殿下"的人文灵智论的背景与前提,我们才可以面对陶渊明的"南山三见",即其最为著名熟悉又普遍曲解的"悠然见南山"了。

饮酒

结庐在人境,而无车马喧。
问君何能尔?心远地自偏。
采菊东篱下,悠然见南山。
山气日夕佳,飞鸟相与还。
此中有真意,欲辩已忘言。

开笔"结庐在人境",即是陶渊明的端正"人论":不是体制官场也不是佛道山林,而是田园才是农业文明、封建社会的根本基础。"人境"即田园,官场与山林是"官道"或是"佛道",而非"人境"——不是人道的文明环境。略微考虑一下中国古代社会,不能不佩服陶渊明的基础判

◎终南五景图(路慎庄)

断。闻名天下的"采菊东篱下，悠然见南山"，首先是一位诚实劳动者的诗句，非"学而优则仕"的传统文人茶余饭后能够弄明白的，也不是现代耕耘于文书世界的课题专家所能识破的。"悠然见南山"也罢，"悠然望南山"也罢，并无严重分歧：视野都囿于陶渊明的"眼中山"。宋代苏轼曾是"见南山"的力荐者，也无出"眼中山"之视限。苏轼力荐的"见南山"诚然增强了"悠然"与"非常性"，却也丢失"怆然"与"节日性"。与"望南山"相比，"见南山"无疑更好，苏轼是诗家天才，仅说出了个人领悟的感觉意见，而未说明诗学审美的真实逻辑。

《饮酒》是一首劳动者的诗歌，并且是一个有信仰的劳动者的诗歌，"东篱下"的"菊花"是信仰和长寿的美丽之花！《西京杂记》卷三写道："九月九日——菊花酒，令人长寿。"陶渊明在《九日闲居》中写道："酒能祛百虑，菊能制颓龄。"九日，即农历九月初九重阳节，此时菊花盛开，古人有饮菊花酒的习俗，认为可以延年益寿。陶渊明于酒有着特殊的嗜好，他在《读山海经》其五中说："在世无所须，惟酒与长年。"然而值此重阳佳节，诗人面对满园盛开的菊花，却无酒可饮，看来已经是生活拮据，酒米乏绝。因而诗人深为感慨，写下此诗以寄情怀。《九日闲居》诗序，陶渊明写道："余闲居，爱重九之名。秋菊盈园，而持醪靡由，空服九华，寄怀于言。"菊花和酒，就是陶渊明的重阳佳节，就是他生活中的两个太阳！正是在菊花和酒的意境中，陶渊明体会着长寿，见到了南山。"寿比南山""南山之寿"是中国文明，是陶渊明的信仰！在《读山海经》其四中，陶渊明写道："黄花复朱实，食之寿命长。"今日，王瑶、王叔岷先生都已经指出：与"采菊"对应的"南山"，是从《诗经》中的"寿比南山"而来，脉气因果方通。[①]

既不是巧合，更非偶然，而属必然之因果；陶渊明的"采菊东篱下，悠然见南山"体现出一种劳动者的审美逻辑与信仰。"采菊"是劳作，"南山"是收获，前为因后为果，"东篱下"是劳动环境，"悠然见"是

[①] 参见王叔岷：《陶渊明诗笺证稿》，中华书局2007年版，第291—292页。

主体境界。"见"者,"现"也,是"心中山"的显露与当下直觉,是劳动的本体信仰境界,是"心中山"的显像生成。作为"心中山"的文明语源,永恒的南山只能是秦岭《诗经》中的终南山。作为"心中山"的主体根源,是在"心远地偏"和"采菊东篱下"的信仰劳作世界。

  因而,"南山三见"是陶渊明的"心中山",属于人文地理,并且指涉人文本体境界,它与秦岭的历史文化渊源殊深。在"悠然见南山"里,陶渊明创造性地把与秦岭密切相关的"南山"概念,提高到了"真理"世界和"超语言境界":"此中有真意,欲辩已忘言。"除了"寿比南山""南山之寿"的《诗经》歌声,还有他对《山海经》的热爱以及天师道的信仰,也将秦岭终南山与他的"南山之见"紧密相连。作为"中国古代之大思想家",陈寅恪先生指出,陶渊明"外儒而内道,舍释迦而宗天师道"。庐山因僧侣"结庐"于山顶而得名,陶渊明却是"结庐在人境"。佛教是"无生"莲花,陶渊明是长寿菊花。"采菊东篱下,悠然见南山"——无论是地望、感情还是信仰,都与庐山无关。从"眼中山"地望看,应该是赣南龙虎山(天师道);从精神信仰来看,是神话昆仑山,包括秦岭终南山。陶渊明诗云:"黄绮之商山""商山有奇歌""路若经商山,为我少踌躇"。另外,陶渊明写有《读山海经》13首诗作,其天师道信仰宛然。其中的"泛览周王传,流观山海图""玉台凌霞秀,王母怡妙颜""西南望昆墟,光气难与俦"皆西秦岭故事。

秦岭桃源寻

桃林和桃园在中国非常普遍。从《三国演义》首回《宴桃园豪杰三结义 斩黄巾英雄首立功》到蒋大为《在那桃花盛开的地方》的经典歌曲,从《西游记》中的王母蟠桃宴到"文革"时期的"三上桃园",大江南北,无处不桃,华夏文明,桃香溢邦。在某种程度上,中国可谓桃国。在陶渊明的《桃花源记》之前,桃与杏、梨等水果一样,是填腹解渴的普通果品。毋庸说,在《桃花源记》之后,桃源成为理想与天国的代名词——汉语"世外桃源"可以为证;"桃源"之战,煞是热闹。桃源何处寻?先看陶渊明的《桃花源记》:

晋太元中,武陵人捕鱼为业。缘溪行,忘路之远近。忽逢桃花林,夹岸数百步,中无杂树,芳草鲜美,落英缤纷。渔人甚异之。复前行,欲穷其林。

林尽水源,便得一山,山有小口,仿佛若有光。便舍船,从口入。初

©秦岭桃园

◎秦岭桃源集锦

极狭,才通人。复行数十步,豁然开朗。土地平旷,屋舍俨然,有良田美池桑竹之属。阡陌交通,鸡犬相闻。其中往来种作,男女衣者,悉如外人。黄发垂髫,并怡然自乐。

见渔人,乃大惊,问所从来。具答之。便要还家,设酒杀鸡作食。村中闻有此人,咸来问讯。自云先世避秦时乱,率妻子邑人来此绝境,不复出焉,遂与外人间隔。问今是何世,乃不知有汉,无论魏晋。此人一一为具言所闻,皆叹惋。余人各复延至其家,皆出酒食。停数日,辞去。此中人语云:"不足为外人道也。"

既出,得其船,便扶向路,处处志之。及郡下,诣太守,说如此。太守即遣人随其往,寻向所志,遂迷,不复得路。

南阳刘子骥,高尚士也,闻之,欣然规往。未果,寻病终。后遂无问津者。

南北朝时萧统主编的《文选》中,陶渊明没有特别地位,其《桃花源记》尚在编选之外。唐朝之后,陶渊明的地位影响日益突出,几乎与诸葛亮一样家喻户晓、广为人知。清代《古文观止》选南北朝时期文章六篇,陶渊明的《桃花源记》《归去来兮辞》和《五柳先生传》全部入选,占了南北朝时期文章的半壁江山,可谓观止了!从文化思想看,中国知识分子"达则兼济天下,穷则独善其身。""鞠躬尽瘁,死而后已"的诸葛亮成了"达"的理想化身,"采菊东篱下,悠然见南山"的陶渊明成了"穷"的理想化身。陶渊明作为"穷"的理想化身,被传颂赞美,是唐代的文化创造。李白的《登金陵冶城西北谢安墩》中有"功成拂衣去,归入武陵源",《下途归石门旧居》中有"石门流水遍桃花,我亦曾到秦人家",

《寻阳紫极宫感秋作》中有"陶令归去来，田家酒应熟"。陶渊明的《桃花源记》和《五柳先生传》在有唐一代，频频传诵，屡屡入诗，蔚然可观。陶渊明作为"穷人"的志士典范，独善其身的自由风范形象，唐代基本确立。宋元明清，继唐余绪，发扬光大，使陶渊明高风劲节的形象更为深入人心。与此同时，对陶渊明理想寄托的《桃花源记》的评论却众说纷纭，日益模糊，成为学界聚讼不已的专门话题。围绕《桃花源记》的意见分歧，在两个层面展开：其一，对陶渊明的《桃花源记》的文本理解；其二，秦岭终南山的桃花源文化。

陶渊明的《桃花源记》的文本理解，焦点无非是《桃花源记》中的桃花源是纪实还是寓意。我们认同陈寅恪先生《桃花源记旁证》的观点。陈寅恪先生的研究结论是："《桃花源记》既是寓意之文，也是纪实之作。其纪实部分来自北方弘农、上洛一带的坞堡。"①作为《桃花源记》的写作原型，"北方弘农、上洛一带"，即陕西商洛地区。我们仅补充一点：除了历史上商洛一带的"坞堡"存在以外，商山四皓也是陶渊明的《桃花源记》现实原型的重要因素。陶渊明的《桃花源诗》写道："黄绮之商山，伊人亦云逝。"《赠羊长史》写道："路若经商山，为我少踌躇。"这是陶渊明借友人入秦，而向心中的桃花源致意！

陈寅恪先生的卓见一出，就有许多犬儒派提出偏见：西北是穷山恶水之地，怎么会是陶渊明的"桃花源"呢？此等犬儒派关于秦岭不可能是"桃花源"的偏见，只需举出《诗经·桃夭》，足矣。"桃之夭夭，灼灼其华。之子于归，宜其室家。"确切地说，是在歌唱东秦岭著名的300亩桃林！当然，关于秦岭"桃花源"的雾水，也非近代而起。早在唐朝，已露端倪。乔侃唐诗《人日登高》写道："登高一游目，始觉柳条新。杜陵犹识汉，桃源不辨秦。"杜陵作为终南山下的一个巨大的自然地理实体，形势楚楚，了了分明，永属长安，所谓"犹识汉"。桃源呢，一来出自人文地理的文本描述，二来描述空灵飘忽，至唐一百年时间就众说纷纭，莫知其场所；其与秦

---

①参见汪荣祖：《史家陈寅恪》，北京大学出版社2005年版，第140—143页。

岭的关系变得幽暗不彰,所谓"不辨秦"。"桃源不辨秦"的困惑,在唐朝是带有普遍性的,除其他数首桃源诗外,王维专门作《桃源行》:

渔舟逐水爱山春,两岸桃花夹去津。
坐看红树不知远,行尽青溪不见人。
山口潜行始隈隩,山开旷望旋平陆。
遥看一处攒云树,近入千家散花竹。
樵客初传汉姓名,居人未改秦衣服。
居人共住武陵源,还从物外起田园。
月明松下房栊静,日出云中鸡犬喧。
惊闻俗客争来集,竞引还家问都邑。
平明闾巷扫花开,薄暮渔樵乘水入。
初因避地去人间,及至成仙遂不还。
峡里谁知有人事,世中遥望空云山。
不疑灵境难闻见,尘心未尽思乡县。
出洞无论隔山水,辞家终拟长游衍。
自谓经过旧不迷,安知峰壑今来变。
当时只记入山深,青溪几度到云林。
春来遍是桃花水,不辨仙源何处寻。

在结尾,王维给出的结论是:"春来遍是桃花水,不辨仙源何处寻。""仙源"和"灵境",直接强调"桃源"作为人文地理概念的主体

© 商山仙娥湖

性维度与本体境界。杜甫也写道:"茅屋还堪赋,桃源自可寻。""茅屋能赋"亦即孔子所谓"一箪食,一瓢饮,在陋巷,人不堪其忧,回也不改其乐。"此即桃源境界,即人文桃源概念之含义。正是由于已经进入了此种主体自由境界,李白便肯定地说:"石门流水遍桃花,我亦曾到秦人家。"

如果完全脱离人文主体性维度与境界,如果将"桃源"仅仅作为一个自然的地理范畴,如王维的《桃源行》中的"尘心未尽思乡县",那么不屑说21世纪的现代人,不屑说数百年前唐代诗人的"桃源不辨秦",就是陶渊明的官员朋友也未必能找到。陶渊明的《桃花源记》结尾写道:"及郡下,诣太守,说如此。太守即遣人随其往,寻向所志,遂迷,不复得路。南阳刘子骥,高尚士也,闻之,欣然规往。未果,寻病终。后遂无问津者。""及郡下,诣太守"云云,是说在官方性的州县无法找到他的"桃花源";"刘子骥,高尚士"云云,是说在文人式的苍白审美中,也无法找到他的"桃花源"。陶渊明说过多次,他的"桃花源"是终极灵智世界。让人想起佛偈:"佛在灵山莫远求,灵山只在汝心头。"作为精神得到归宿的"桃源"主人,陶渊明平实中显奇崛,随意中见深慧,说他在通往"桃源"的路上"处处志之"。"处处志之",外人就是找不到,这不是天大的反讽吗?这正是桃花源的灵智辩证法。

陶渊明的《桃花源记》的现实原型在秦岭商山。唐代有一百多首诗歌是站在秦岭终南山歌吟桃源意境。秦岭与"桃源"有着非此不可的特殊关系。无论陶渊明的"桃花源"最终落户何方,它的主人永远都是"秦人"!周朝时,秦岭潼关附近,遍坡桃林,谓之"桃林塞",才有《诗经·桃夭》"桃之夭夭,灼灼其华"的优美歌声。终南山下有《汉书》记载的汉武帝仙桃园,稍东有唐中宗款待大臣的梅桃园。崔护的"人面桃花相映红"的美好爱情,也是在秦岭终南山,尤其秦岭商山,今天仍有桃坪乡,有贾平凹的《商州·桃冲》,有陈寅恪先生的"真实之桃花源在北方之弘农或上洛",宰相诗人元稹有"今日春风到武关……小桃花树满商山",陶渊明唱云:"黄绮之商山,伊人亦云逝。"就此而言,如果东秦岭商山申请陶渊明"桃花源"的文化遗产资源,诚最有希望者。

凄美《商山行》
《诗品》华山幽

◎商山意远

去过三次商州，看温庭筠的《商山早行》，才知是身到商山空手而归，上过五次华山，观司空图的《诗品》，方觉是空望莲峰仍在山外。就西安的生活世界看，与秦岭北麓的终南山相比，去秦岭南坡的商山总是某种深入、升华与特殊机缘。对于唐朝诗人来说，这种特殊机缘往往就是东南方向的左迁贬官，白居易与元稹的商山诗就是如此。

白居易的《蓝桥驿见元九诗》云：

蓝桥春雪君归日,秦岭秋风我去时。
每到驿亭先下马,循墙绕柱觅君诗。

元稹的《感梦》写道:

行吟坐叹知何极?影绝魂销动隔年。
今夜商山馆中梦,分明同在后堂前。

在《蓝桥驿见元九诗》中白居易是在寻找元稹的诗作,元稹在"商山馆"是梦见亡妻。不消说,白居易和元稹的商山诗作,其中心仍然是京畿长安的生活世界。白居易和元稹多次住宿在商山道上的阳城驿、青云驿。二人的诗中也多次描述过阳城驿、青云驿,但他们的诗与心似乎还是在京畿长安的生活世界。元稹、白居易诗中阳城驿、青云驿的缺憾,终于在温庭筠的《商山早行》中获得补偿,总算有人写出了陕南商山独特的美感。温庭筠的《商山早行》全诗写道:

◎仙娥湖晨雾

晨起动征铎，客行悲故乡。
鸡声茅店月，人迹板桥霜。
槲叶落山路，枳花明驿墙。
因思杜陵梦，凫雁满回塘。

◎华山翠鸟

这是唐代商山最杰出也是最有名的诗！其"鸡声茅店月，人迹板桥霜"为千古名句。一般山行的审美印象，满眼翠烟，五彩缤纷，生机盎然，大气屹然。即使是冬天，也雪罩千山，横岭侧峰，或寒风凛冽，万木摇动，也是一派原驰蜡象的北国风光。温庭筠的《商山早行》的最大特色，便是写商山的静寂、细声与晚秋。《商山早行》首先抓对了因缘时节：商山晚秋。夏季的湖也许最美，冬季的华山、秋天的草原也许最美，商山最美的因缘时节应该就是晚秋。商山在秦岭南坡，与京都长安隔岭相望，也远离了夏季热烈与中心的活力。商山又在汉水北岸，与明媚的江南隔山相望，也远离了春天的温馨与水乡的柔雅。商山有岭有水，严冬也不是最美的季节。盛唐，商山是后山；唐后，商山又是江南中心的后方。凡此，秋季是商山的季节，晚秋是它最美的季节。同是晚秋，晨和昏也有差别。比如写长安或成都的晚秋，黄昏较佳——透出富庶、悠闲与夜的生活；而写商山，则晚秋之清晨就最好，表现这里的清新、勤勉与深眠景象。

元稹、白居易二人众多的关于阳城驿、青云驿的诗作，包括杜牧商山诗，皆以叙事咏史见长，史家的兴趣大于诗学兴趣。相比之下，崔涂的《商山道中》就要清新有个性一些。崔涂的《商山道中》曰："一日又将暮，一年看即残。病知新事少，老别旧交难。山尽路犹险，雨余春却寒。那堪试回首，烽火是长安。"山路本来就难走，元稹、白居易诗多有叙述。行者又老又病，难行无疑更甚。兼长安烽火，连日来的希望也给浇灭了！日将暮，年即残，山险春寒，《商山道中》透出了沉甸甸的伤感与忧愁，透出"青山难行，白首难归"的无望。真正将家国哀痛与商山凝为含蓄冷挫的凄美，是温庭筠的《商山早行》。

《商山早行》首先选的是商山晨景："鸡声茅店月，人迹板桥霜。槲叶落山路，枳花明驿墙。""鸡声"是高度典型的诗化选择、高度典型的时间气息。在寂静的山间清晨，还有比鸡鸣声更为嘹亮，能使人心情舒畅的声音吗？循着鸡声，夜空是月，地上则是茅店。"茅店月"，典型如画，凝练若诀。与"鸡声茅店月"对应，又高度完美的是"人迹板桥霜"。如果说，商山清晨，"鸡声"是最为引人的听觉性对象，那么"板桥"就是最为引人的视觉性东西。"板桥"在山间是多么普通啊！"板桥"是山里人生活离不开的！轻轻的一点"人迹"，就点明了人对板桥的依赖、亲临和离不开。"人迹板桥霜"包括了太丰富的内容：①晚秋与清晨。非晚秋则无霜，非清晨无"人迹"。为什么说无"人迹"呢？如果是黄昏，过桥的人太多，人踩霜灭，还有"人迹"吗？而在深夜，纵然霜浓铺桥，人尽在"茅店"，能有"人迹"吗？②"鸡声"在先，"人迹"随后，说明山里人闻鸡而起、勤劳严格的生活方式。"茅店月"在前，"板桥霜"在后，是合乎事情逻辑的景色呈现。"霜"不是雪，若无"茅店"灯、清晨月，能辨出"人迹"吗？"霜"虽不是雪，若鸡声未叫，月亮已坠，人可能过板桥吗？"鸡声茅店月，人迹板桥霜"，由于透出了商山特别的细节与美，从而是"早行"的实际观察和真理刻画。"槲叶落山路"与"人迹板桥霜"有异曲同工之妙，既有场景性，又含计量性，且包含过程（"落"的动词想象——"夜"）与结果（"落"的动词现象——"晨"），夜晚与清晨的转换包孕消息。"枳花明驿墙"的"明"，帮我们理解了"人迹板桥霜"的山晨光度。山晨的光色尚需洁白的枳花，来把驿墙照"明"，恰恰表明山晨还是夜色沉沉！表明"征铎"响得如何早！表明"晨起"是如何早！"悲故乡""杜陵梦"是这一切的动力支持，即精神层面的东西。"晨动征铎"是纪律、军事信号与理念，"凫雁满塘"是解释其幸福生活的召唤。《商山早行》真正是情与景、人文和自然、温暖和寒冷结合的典范，并且是以景、自然和寒冷为主，从而生成无比含蓄丰富的凄美。这"美"，根本上源自于真实，源自于"鸡声""征铎"与"人迹"，源自于"悲故乡""杜陵梦"的人性憧憬和温暖。所以虽"凄"，然而"美"，既不同于"古道西风瘦马"的凄惶，也不同于"千山鸟飞绝，万径人踪灭"的凄绝。在"凄"与"美"之间，《商山早行》有着高明的平衡性，稍偏一方，都会失掉《商山早行》"露余山青""幽人空山"的凄美，都会使商山失去千古难遇的凄美诗境。

"露余山青""幽人空山"的"凄美"是一种诗品，源于司空图的《诗品》。观《诗品》，我们发现，作者司空图是从观山——尤其是体悟秦岭而把握了诗的品质与品味。

《自然》："幽人空山，过水采萍。薄言情悟，悠悠天钧。"

《旷达》："倒酒既尽，杖藜行歌。孰不有古，南山峨峨。"

《飘逸》："落落欲往，矫矫不群。缑山之鹤，华顶之云。"

《绮丽》："露余山青，红杏在林。月明华屋，画桥碧阴。"

◎华岳高秋图（明 蓝瑛）

《高古》:"月出东斗,好风相从。太华夜碧,人闻清钟。"

《诗品》中的"自然""飘逸""高古"等十品,直接从观山而来,《诗品》原是品山的成果。其中的《高古》《飘逸》《旷达》直接得自华山。①唐僧齐己在《寄华山司空图》中写道:"天下艰难际,全家入华山。几劳丹诏问,空见使臣还。瀑布寒吹梦,莲峰翠湿关。兵戈阻相访,身老瘴云间。"

唐僧齐己、司空图和温庭筠等生活在晚唐战乱岁月,"晨起动征铎"(温庭筠),"兵戈阻相访"(唐僧齐己)。在唐僧齐己的《寄华山司空图》里,我们知道,司空图在"天下艰难际,全家入华山"。皇帝下诏,司空图也不出山("几劳丹诏问,空见使臣还")。司空图以华山品诗,也不偶然;品得精妙,更属自然。司空图也有几首咏华山的诗篇:

华下送文浦

郊居谢名利,何事最相亲?
渐与论诗久,皆知得句新。
川明虹照雨,树密鸟冲人。
应念从今去,还来岳下频。

这是司空图在华山下面送朋友的诗作。其中,"川明虹照雨,树密鸟冲人"最形象生动。河川清澈,雾冈形成彩虹,下着疏落细雨。树木茂密得使鸟无法飞行,直向人飞来。而今,鸟见人即飞,树矮木稀。司空图的华山景色,让人羡慕!首句的"郊居谢名利"与结尾的"还来岳下频",让人们看到:这位华山居士,虽皇诏未应,却仍然无法释怀,惆怅再三、希望朋友再来的沉吟形象。

---

①唐僧齐己《寄华山司空图》:"天下艰难际,全家入华山。"在某种程度上,可以说,司空图的《诗品》是华山生活的诗学成果。

漫题

经乱年年厌别离,歌声喜似太平时。
词臣更有中兴颂,磨取莲峰便作碑。

唐代末年的战乱使人恐惧别离,讨厌别离。一些战乱歌声,其喜乐犹如太平年代,这些让人想起杜牧的"商女不知亡国恨,隔江犹唱后庭花"(《泊秦淮》)。一些文化人空喊着复兴,作着颂歌。那么,华山(莲花峰)就是巨碑,将会是永远的记录。

华上二首(之一)

故国春归未有涯,小栏高槛别人家。
五更惆怅回孤枕,犹自残灯照落花。

"照落花",多么孤独("孤枕")、伤感("别人家")与无望("未有涯")!倘若盛唐,花朵似锦,五彩缤纷,还有谁用"残灯照落花"呢?司空图在《华上二首》之一的"照落花",见证了诗人在华山上的孤独生活,也是自我与国家的命运写照。一个"照落花",写出了无边的惆怅与孤独、满心的寂寞与空落。在"身病时危"的晚唐,司空图对华山的最大发现与最深体验就是一个"幽"字!"势利长草草,何人访幽独"(《秋思》),"幽瀑下仙果,孤巢悬夕阳"(《赠步寄李员外》),"幽人空山,过水采萍"(《诗品·自然》),"载瞻星辰,载歌幽人"(《诗品·洗练》),"忽逢幽人,如见道心"(《诗品·实境》)。在司空图的《诗品》中,华山成了幽山,司空图成了"幽人"。在西岳幽山,司空图写出了24首精妙绝伦的《诗品》。在司空图的西岳幽山诗中,我们能读出多少"品味"呢?"何当造幽人,灭迹栖绝巘",是李白望终南山的感叹。司空图华山上的生活,尽管并未灭迹,却是"幽人栖绝巘"!

第六章
诗唐终南山

李白的《望终南山》,开首的"引领意无限"与结尾的"灭迹栖绝巘",直接揭示了终南山的两大特性:审美与宗教。而我们在李世民的《望终南山》的王风御气里,感受到了另外一种王风御气:"心中与之然",而"托兴"的深与浅,各人还是尽力而为吧。还有王维的《终南山》,还有张乔的《终南山》!

王维的《终南山》:

> 太乙近天都,连山接海隅。
> 白云回望合,青霭入看无。
> 分野中峰变,阴晴众壑殊。
> 欲投人处宿,隔水问樵夫。

◎太乙近天都

张乔的《终南山》：

> 带雪复衔春，横天占半秦。
> 势奇看不定，景变写难真。
> 洞远皆通岳，川多更有神。
> 白云幽绝处，自古属樵人。

李白的《望终南山》写出了终南山审美与宗教的两种无限性，李世民的《望终南山》写出了山河社稷的双重王风御气，王维的《终南山》则写出了终南山的神圣与神妙感。以"太乙近天都，连山接海隅"起句，就透出神圣感情："近天都"，还有比这更高、更神圣的山吗？现代人面对世界最高山喜马拉雅山，会如"近高天"，而不会有"天都"概念。"天都"的概念，不仅是高度概念，而且是一种神圣感情。在这种神圣感情影响下，王维写终南山的广远，就用了一句"连山接海隅"，而张乔写的是"横天占半秦"。"占半秦"虽有夸张，仍是常识理性描述；"接海隅"则是神圣无限性感情。"白云"到"壑殊"，则是从神圣感过渡到神妙性描写："回望合""入看无"，写诗人被终南山的神妙性吸引住了——白云，刚才还飘逸两处，现在回望已经"相合"。"回望"表明对白云之"合"的期待意向，期待"白云"合成什么呢？白云现在又合成什么呢？白云现在合成的形象与诗人期待白云合成的意向，两者之间"相合"吗？

这是王维留给读者的最起码的阅读眼光。王维给我们提供的线索，即下句的"青霭入看无"。"青霭入看无"，首先让我们想到韩愈的"草色遥看近却无"。王维的"青"更加高妙：其一，韩愈的"看"无论"遥"还是"近"，都还处于"草色"的外部；王维的"看"却是进入到"青霭"的内部，结果却是"无"。"进入"的行为与意向，在"无"的结果面前，不显得唐突、尴尬与自我否定吗？王维通过终南山的神妙，显示出人的幼稚性，这是韩愈的《早春》中"最是一年春好处"完全没有的。其二，在这种幼稚感里，回望白云的期待行为与意向，以及我们引发的追问也一并遇到"威胁"：那也许是人类的天性、本能，形象的构成与人

◎ 终南荷红

自己的"看"相关，有什么客观绝对值得执着呢？人类的智能也许还无法面对山的神奇。"分野中峰变，阴晴众壑殊"，直接以"变""殊"给我们以多元自由的观山意识与觉悟。"欲投人处宿，隔水问樵夫"，首先是写出了诗人自身的变化：向樵夫讨问自己的投宿处，在"入看无"的教训之后，他已经是"隔水问"了。就这样，王维的《终南山》先以"近天都""接海隅"之宏大，写出人面对神圣者的空间距离；接着用"回望合""入看无"，表达人面对神妙者的实际距离。至少在自然审美领域，有流传甚广的"距离说"。在"欲投人处宿"之际，王维保持了一种距离姿态与觉悟。这种距离化的"投宿"姿态，是神圣与神妙的终南山对人的精神馈赠，是领悟终南山神圣和神妙存在的妥当方式。

与王维的《终南山》相比，张乔的《终南山》要好读一些。尽管如此，张乔也以"势奇看不定，景变写难真"，表现着人面对终南山的渺小和局限性。张乔对人在终南山面前的渺小和局限性的描写，更多倾向于认知表达能力范畴，不像王维那种整个精神上的幼稚与唐突。张乔在终南山的山水中也仍然感悟到了"通岳"与"有神"。张乔在诗的结尾，与王维一样来到了樵夫面前："白云幽绝处，自古属樵人。"王维只是在投宿之际，有距离地"隔水问樵夫"。张乔在《终南山》中干脆直接承认，王维的"白云回望合"的惆怅也罢，"云深不知处"的失败也罢，也只意味着一个结论："白云幽绝处，自古属樵人。"

　　也许是接受了张乔的结论与建议，祖咏、杜牧等更多的诗人，都选择在长安京城远望终南山："终南阴岭秀，积雪浮云端。林表明霁色，城中增暮寒。"（祖咏的《终南望余雪》）"楼倚霜树外，镜天无一毫。南山与秋色，气势两相高。"（杜牧的《长安秋望》）"唯有茂陵多病客，每来高处望南山。"（张元宗的《望终南山》）"标奇耸峻壮长安，影入千门万户寒。徒自倚天生气色，尘中谁为举头看？"（林宽的《终南山》）

　　然而，"望"终南山与"游"终南山终究是不一样的，与攀登终南山更有差别。一般而言，攀登终南山会找到自己的问题与差距，比如王维、张乔在《终南山》中所承认的与"樵人"的差距。"游"终南山也有"治疗"作用，郑谷在《次韵和秀上人游南五台（一作司空图诗）》写道："危松临砌偃，惊鹿蓦溪来。内殿评诗切，身回心未回。"在"内殿评诗"，司空图的"心"还在南五台。孟郊的《游终南山》以"到此悔读书，朝朝近浮名"，做了明确声明。而一旦在长安京城望终南山，情况就显得异常复杂起来。上述例中，祖咏与林宽的望终南山，感受到的是"寒"；张元宗感受到的是"病"与"清高感"；杜牧的感觉是"无一色"，将"望"的差别完全泯灭。就是同一个诗人，例如诗圣杜甫，亲自游秦岭和仅仅在城中远望，感觉和收获也有很大不同：

九日蓝田崔氏庄

老去悲秋强自宽，兴来今日尽君欢。
羞将短发还吹帽，笑倩旁人为正冠。
蓝水远从千涧落，玉山高并两峰寒。
明年此会知谁健？醉把茱萸仔细看。

◎终南风雪（庶人）

同诸公登慈恩寺塔

高标跨苍穹，烈风无时休。
自非旷士怀，登兹翻百忧。
…………
秦山忽破碎，泾渭不可求。
俯视但一气，焉能辨皇州？

　　同样是秋天，同样是登高，同样是望"秦山"，有无"旷士怀"就完全两样！在《九日蓝田崔氏庄》中，虽然是"悲秋""峰寒"，但一想到"老去""明年谁健"的问题，杜甫"强自宽"而有了"旷士怀"，也有了"醉看终南山茱萸"的心情与兴致。可到了慈恩寺塔上，就既"忧"又"悲"且"哀"，就"秦山破碎，泾渭难求"，把"明年"的自己忘了，全无旷士怀了！

　　在《同诸公登慈恩寺塔》的"俯视但一气"里，杜甫是"莫辨皇州"，看不到明天与希望。在《望终南山》的"镜天无一毫"中，杜牧是"历历皇州"，充满明天与希望。杜甫的"一气"和杜牧的"一色"，多么不同啊！同样的秋天，同样的登高，杜甫的心情何以发生那么大的变化与差别呢？如果这是山与人有别的缘故，那么杜甫就应该多去终南山。同样的终南山，在长安仅仅"望"（《同诸公登慈恩寺塔》）和前去亲自"游"（《九日蓝田崔氏庄》），"旷士怀"一有一无，结果完全两样。李白的《望终南山》是两种无限性的丰富收获，李世民的《望终南山》弥漫着浩荡的王风御气。从《同诸公登慈恩寺塔》看，杜甫的"望"效果明显不如前去游终南山。王维登上终南山，感受到了诸多神奇与神妙。杜甫的感悟力不在王维之下，倘能登上终南山，不仅会有同样的神圣与神奇感，更会收获李世民、李白之外的另一种王风御气。

诗唐太白山

李白字太白,与秦岭太白山同名。太白山,远离长安,京畿西陲,高耸云天。唐代诗人中,似乎只有浪漫九天的李太白抵达过太白山巅。在《蜀道难》中李白有"西当太白有鸟道"的歌吟;在《古风之五》中有太白绿发翁的奇遇;在《登太白峰》中,则明言"西上太白峰,夕阳穷登攀"。其他绝大多数盛唐诗人,则是在太白山下仰望,或者长安尘中遥想,或者楼阁夜间梦遇。先看杜甫涉及太白山的诗作:

《喜达行在所》其三

死去凭谁报,归来始自怜。
犹瞻太白雪,喜遇武功天。
影静千官里,心苏七校前。
今朝汉社稷,新数中兴年。

◎ 放歌太白

这首诗作于"安史之乱"期间，表达的是一种别致的感情。至德二年（757年）四月，杜甫乘隙逃出被安史叛军占据的长安，投奔在凤翔的唐肃宗。历经千辛万苦，他终于到达了朝廷临时所在地（"行在所"），并被授予左拾遗的官职。他刚刚脱离了叛军的淫威，一下子又得到了朝廷的任用。生活中这种巨大的转折在心底激起的波涛，使诗人不能自已。诗的题目是《喜达行在所》，共三首，这是最后一首。在凤翔唐朝的"行在所"，杜甫见到了唐肃宗——社会生活的"最高峰"，个人和国家都在"中兴"。

　　《喜达行在所》其二，诗人以"司隶章初睹，南阳气已新"表达见到唐肃宗之后的感受，在最后一首以"犹瞻太白雪，喜遇武功天"，写自己看到的秦岭太白山。就太白山的文化地理而言，杜甫的《喜达行在所》有两个贡献：①用唐肃宗这座社会生活的"最高峰"，引出太白山这座华夏地理的"最高峰"。②看见太白山的喜悦感："犹瞻太白雪，喜遇武功天。"太白山也叫"武功山"。《水经注》有"武功太白山，离天三尺三"。诗圣杜甫看见太白山的喜悦感，表达了一个重要的人文精神原理：只有心存喜悦，人才仰望高峰。

　　王维的《陇头吟》写道：

> 长安少年游侠客，夜上戍楼看太白。
> 陇头明月迥临关，陇上行人夜吹笛。
> 关西老将不胜愁，驻马听之双泪流。
> 身经大小百余战，麾下偏裨万户侯。
> 苏武才为典属国，节旄空尽海西头。

　　"陇头吟"，汉代乐府曲辞名。陇头，指陇山一带，大致在今陕西陇县到甘肃清水县一带。开元二十五年（737年），河西节度使副大使崔希逸战胜吐蕃，唐玄宗命王维以监察御史的身份到边疆查访军情。人到边疆陇山，自诩"长安游侠"，王维平生第一次"夜上戍楼看太白"，人在边疆陇山，王维"夜看太白"，恐怕还是想念长安的京畿生活。

唐代大诗人中，白居易在太白山下的周至县做过三年县尉，白居易攀登过太白山吗？没有。白居易在《送王十八归山寄题仙游寺》中写道："曾于太白峰前住，数到仙游寺里来。黑水澄时潭底出，白云破处洞门开。林间暖酒烧红叶，石上题诗扫绿苔。惆怅旧游无复到，菊花时节羡君回。"白居易到太白山前，主要是在今日黑河的仙游寺里游览，并在仙游寺创作了《长恨歌》。诗中的王十八，应该是白居易的朋友，在太白山修行：王十八回太白山（"归山"）之前，白居易写此赠诗。结尾的"菊花时节羡君回"，是白居易表达对朋友和太白山的羡慕感，希望"高人"再来。

与白居易一样，岑参也在仙游寺写过太白山。岑参在《冬夜宿仙游寺南凉堂，呈谦道人》中写道："太乙连太白，两山知几重。路盘石门窄，匹马行才通。"杜甫的《渼陂行》说："岑参兄弟皆好奇，携我远来游渼陂。""好奇"的岑参两度出塞七年，是唐代在边塞生活时间最长的诗人。一开始，岑参也是于仙游寺一带远望太白山。后来，"性好奇"的岑参在《太白胡僧歌》中表达了对太白山的渴望："闻有胡僧在太白，兰若去天三百尺。一持楞伽入中峰，世人难见但闻钟。窗边锡杖解两虎，床下钵盂藏一龙。草衣不针复不线，两耳垂肩眉覆面。此僧年几那得知，

◎太白开天关

手种青松今十围。心将流水同清净，身与浮云无是非。商山老人已曾识，愿一见之何由得。山中有僧人不知，城里看山空黛色。"表明是"闻僧在太白"，这与李白亲见绿发翁不同；岑参虽渴望，但坦白自己与多数人一样，是"城里看""空黛色"的太白山，有遗憾的空落。岑参与李白是好朋友。在李白的鼓舞下，渴羡太白山已久的岑参后来终于来到了太白山，并写了《宿太白诗》。其中有"天晴诸山出，太白峰最高"。从全诗看，岑参似乎未登上太白山顶。渴望生梦，于是诗人常建写《梦太白西峰》：

梦寐升九崖，杳霭逢元君。
遗我太白峰，寥寥辞垢氛。
结宇在星汉，宴林闭氤氲。
檐楹覆余翠，巾舄生片云。
时往溪水间，孤亭昼仍曛。
松峰引天影，石濑青霞文。
恬目缓身趣，霁心投鸟群。
春风又摇棹，潭岛花纷纷。

◎飞流直下

唐朝之后，北宋词人苏轼在凤翔做官。苏轼与李白一样，也从"蜀中来"，浪漫豪放与前辈相当。然而苏轼也未登上太白山。由于工作与性情的双重缘由，苏轼几过太白山下，作《凤翔太白山祈雨文》《乞封太白山神状》，有《太白山下早行至横渠镇书崇寿院壁》诗。苏轼还有诗云："平生闻太白，一见驻行驺。鼓角谁能试，风雷果致不。"未登太白山，只在山下取了点太白神水。他没有现代人的福气与条件：索道、人气、汽车，簇拥登上华山。秦岭太白山，对于古代文人墨客，基本是苏轼"一见驻行驺"的崇拜神山和常建"梦寐升九崖"的梦里江山。

诗唐太华山

◎自古华山一条路（庶人）

唐代诗人中，尽管李白有著名的《西岳云台歌送丹丘子》、杜甫有著名的《望岳》（西岳华山），然而却只有韩愈和华山回心石等景点永远相连一起了。欲知究竟，先看韩愈的《古意》："太华峰头玉井莲，开花十丈藕如船。冷比雪霜甘比蜜，一片入口沉疴痊。我欲求之不惮远，青壁无路难夤缘。安得长梯上摘实，下种七泽根株连。"没有上过华山的学者，大多批评韩愈这首《古意》"虚诞"。殊不知，"虚诞"云云真冤杀了韩愈！韩愈谏迎佛骨舍利，差点丢了性命，岂会再无端"虚诞"？韩愈的《古意》有二：①西岳华山的确太神奇了！②华山的神奇，使韩愈从正襟危坐的宿儒变成了相信《山海经》的孩童。《古意》者，正取《山海经》也！的确，是华山之"险"把韩愈"震"住了。这既有广为流传的"回心石""韩退之投书处"为证，也有韩愈的华山诗为证。韩愈在《答张彻》中写道："洛邑得休告，华山穷绝径。依岩睨海浪，引袖拂天星。日驾此回辖，金神所司刑。泉绅拖修白，石剑攒高青。蹭薛漨拳踢，梯飙贴伶俜。悔狂已咋指，垂诫仍镌铭。"今日苍龙岭峻峭的崖壁上雕刻着"韩退之投书处"六个大字，记载着唐代文学家韩愈游华山到苍龙岭时的故事。相传韩愈登到此处，见山势高耸，两侧断崖深谷，雾起云漫，他心惊胆战，进退两难，不禁放声大哭起来。最后，只好给家里写了一封遗书和求救信投入山下。后来华阴县令知道了，千方百计地把他弄下山来。今天苍龙岭顶端的逸神岩，相传就是韩愈投书痛哭的地方。他攀登至华山绝顶，在石岩上斜望着海中的波涛，一举手衣袖就可以拂拭天上的星星。瀑布像白色长束带一般高悬山巅，峭立的石峰正如青色宝剑插空。石阶上的苔藓滑得人左顾右盼，不敢前行，大风中人歪歪斜斜站立不稳，当时后悔上山，简直要发狂，禁不住咬自己的手指。综合观之，韩愈是在华山《古意》做了一回天真的老顽童而已，是华山也是"绝径"魅

力把韩愈还原成了一个信"古意"的老顽童。与务实而攀登了华山的韩愈相比，年轻时即"会当凌绝顶，一览众山小"（《望岳》）的杜甫，面对华山也是敬而远之的。杜甫的《望岳》（西岳华山）写道：

> 西岳峻嶒竦处尊，诸峰罗立似儿孙。
> 安得仙人九节杖，拄到玉女洗头盆？
> 车箱入谷无归路，箭栝通天有一门。
> 稍待西风凉冷后，高寻白帝问真源。

"车箱谷"是华山西较为宽敞的一条山谷，因古时通车，故名。当时杜甫在华山下做官，面对华山，杜甫实际的"山行"只是"车箱入谷"，已经感叹"无归路了"，其他只是"望"了及"望"后的思想活动。杜甫的思想活动有两个要点，要攀登华山：①需仙人相助（"安得仙人九节杖"）；②推后再说吧（"稍待西风凉冷后"）。阎琦先生写道："杜甫未登山，只是望，但准确地写出了华山的气势。"宋人画论云："远望其势，近观其质。"由于未登山，杜甫无法"近观其质"，从"会当凌绝顶，一览众山小"到"稍待西风凉"，从东岳泰山到西岳华山，杜甫的确心境大变。实际上，与东岳泰山比起来，又高又险的西岳华山才真正是"会当凌绝顶，一览众山小"。登过华山之后，韩愈被"震"住了；从东岳到西岳，只在华山下"望"的杜甫同样被"震"住了。

登过华山而又写的平实的诗也有，如郑谷的《华山》：

> 峭刎箪巍巍，晴岚染近畿。
> 孤高不可状，图写尽应非。
> 绝顶神仙会，半空鸾鹤归。
> 云台分远霭，树谷隐斜晖。
> 坠石连村响，狂雷发庙威。
> 气中寒渭阔，影外白楼微。
> 云对莲花落，泉横露掌飞。

乳悬危磴滑,樵彻上方稀。
淡泊生真趣,逍遥息世机。
野花明涧路,春藓涩松围。
远洞时闻磬,群僧昼掩扉。
他年洗尘骨,香火愿相依。

◎华山暮色

◎华山天梯

前四句:"峭仞耸巍巍,晴岚染近畿。孤高不可状,图写尽应非。"是总写华山的峭拔险峻与攀登体会。"不可状""尽应非"是登过山的过来人语,让我们既理解了韩愈的"古意",也明白了杜甫的"高寻白帝"。文字世界里不会有真实的华山,真正的华山在每个登山者的生命深处。郑谷此处写华山的"孤高不可状,图写尽应非"与李白写终南山的"引领意无限,秀色难为名"异曲同工,所唱同意。"绝顶神仙会"与李白"苍苍与人绝"相似,写山顶与平原城市迥然相异的地貌体会与生命体验,"绝顶"是神仙世界("神仙会"),"半空鸾鹤归"则写这神仙世界的广阔自由,鸟懂人意。"云台分远霭,树谷隐斜晖",云台即北峰,华山五峰中最低的山峰,已经分隔"远霭",斜晖隐映起来。"坠石连村响,狂雷发庙威",有了高度,不小心坠落石块,山高幽静,石响连村,人心惊颤。

◎ 无限风光在险峰（何海霞）

"连村响"可分两种：①响声辽远，笼罩多村；②石响惊村，村民震呼。"狂雷发庙威"继"石响"之后，更具震撼力，已是"雷狂庙威"。"狂雷"使"庙威"，"庙威"显"雷狂"，从自然气氛到人文庙宇，渐进华山的深处高端。这一深处高端是由"石响雷狂"的声响造成的，在山下"望"是"望"不到的。但是这里却可以"望"到山下："气中寒渭阔，影外白楼微。"再回到眼前："云对莲花落，泉横露掌飞"，到了西峰莲花峰与东峰仙掌了。莲花峰为西峰，为华山最险峰；南峰之南是秦岭主脊，白云对面飘落；既"对"又"落"，非登山者写不出。"泉横露掌飞"，仙掌在东峰也叫朝阳峰，无论位置还是光照都处于"露"，横泉飞下，逼真至极。"乳悬危磴滑"，山形地貌，往更高处望，是"自古属樵人"了。

在"自古属樵人"的高山顶，"淡泊生真趣，逍遥息世机"，人的世界观会受到影响："息世机""生真趣""获逍遥"。"远洞时闻磬，群僧昼掩扉"，就是毕生以"息世机""生真趣""获逍遥"为天职召唤的佛道世界。华山莲花峰的"乳悬危磴滑，樵彻上方稀"，是自然地理高度；华山云台观的"远洞时闻磬，群僧昼掩扉"，是人文地理高度。站在华山顶上，人便向往人文高度，而不是杜甫那种在车箱谷"望岳"，老琢磨如何"安得仙人九节杖，拄到玉女洗头盆。"自然高度对人文高度的影响如此之大。杜甫的《望岳》的希望是"会当凌绝顶，一览众山小。"郑谷由于登上山顶，其《华山》透出的愿望已是神仙世界："他年洗尘骨，香火愿相依。"除李白的《西岳云台歌送丹丘子》外，盛唐总算还有诗人，能够写出西岳华山的双重高度。

第七章
秦川《观刈麦》南山《悟真寺》

李白、杜甫、白居易为唐代三大诗人。李白翱翔高山云天,面对人世沟壑深渊少有办法;杜甫执着于黎民平川,仰望云海峰影颇显吃力;白居易则定位于山腰风景,在不低不高的空中实现了辉煌的事业与梦想。在给好友《与元九书》中,白居易说:"达则兼济天下,穷则独善齐身。"与此相应,白居易的诗作中,既有长安街头的《秦中吟》10首,又写了终南山《悟真寺》长篇。无论《悟真寺》还是《秦中吟》,在白居易那里,我们都可以感受到同一个乐天的终南山。不是在李白狂放的酒里,也不是在杜甫沉郁的泪里,更不是在王维静寂的禅中,而是在白居易清澈的眼里,终南山终于成为一个现实的快乐人生和现世的丰富世界。

先看《观刈麦》:

田家少闲月,五月人倍忙。
夜来南风起,小麦覆陇黄。

©秦川田野

◎麦子丰收

妇姑荷箪食，童稚携壶浆。
相随饷田去，丁壮在南冈。
足蒸暑土气，背灼炎天光。
力尽不知热，但惜夏日长。
复有贫妇人，抱子在其旁。
右手秉遗穗，左臂悬敝筐。
听其相顾言，闻者为悲伤。
家田输税尽，拾此充饥肠。
今我何功德，曾不事农桑。
吏禄三百石，岁晏有余粮。
念此私自愧，尽日不能忘。

《观刈麦》和《卖炭翁》主旨一样，皆"悯农"。《卖炭翁》中人是秦岭人，事是京城事；《观刈麦》中人和事都在秦岭山下，是在秦岭山下的夏季麦田。这首诗是元和二年（807年）作者任盩厔（今陕西周至）县尉时写的。叙事明白，结构自然，层次清楚，顺理成章。诗一开头，先交代背景，是五月秦岭山下麦收的农忙季节。接着写妇女领着小孩往田里去，给正在割麦的青壮年送饭送水。随后描写青壮年农民在南冈麦田低头割麦，脚下暑气熏蒸，背上烈日烘烤，已经累得筋疲力尽，还不觉得炎热，只是珍惜夏天昼长能够多干点活。写到此处，这一家农民辛苦劳碌的情景已经有力地展现出来。接下来又描写了另一种令人心酸的情景：一个贫妇人怀里抱着孩子，手里提着破篮子，在割麦者旁边拾麦。为什么要来拾麦呢？因为她家的田地已经"输税尽"——为缴纳官税而卖光了，如今无田可种、无麦可收，只好靠拾麦充饥。这两种情景交织在一起，有差异又有关联：前者揭示了农民的辛苦，后者揭示了赋税的繁重。繁重的赋税既然已经使贫妇人失掉田地，那就也会使这一家正在割麦的农民失掉田地。诗人由农民生活的痛苦联想到自己生活的舒适，感到惭愧，内心久久不能平静。最后一句是全诗的精华所在，它是作者触景生情的产物，表现了诗人对劳动人民的深切同情。白居易写讽喻诗，目的是"唯歌生民病，愿得天子知"（《寄唐生》）。

"复有贫妇人，抱子在其旁。右手秉遗穗，左臂悬敝筐。"为一幅终南山拾穗者肖像，若图画出，其魅力当不逊于米勒名作《拾穗者》（三

©仙游寺之春

个贫妇人拾麦穗的形象，辽阔暮色下的麦田、麦子，远村以及依稀的影子）。在同一块麦田上，又有《祈祷》名画。在《观刈麦》，是一样的国家、麦垄、远山与寺院。在同样的终南山背景下，白居易完成了荡气回肠、流芳百世的《长恨歌》，它给白居易带来了巨大声誉。其主题众说纷纭，我们无需置辩。尽管全诗中写了"春寒赐浴华清池""骊宫高处入青云""马嵬坡下泥土中"，写了"云栈萦于登剑阁"等终南山地望的历史与地理，但它毕竟是人（玄宗）与人（贵妃）之间的爱情，而不是人与山（秦岭）的爱情，我们还是从简。只需强调声明的是，《长恨歌》是在秦岭终南山仙游寺创作完成的，终南山仙游寺是《长恨歌》的灵感发生地。

白居易在周至当县尉，写了两首著名的讽喻诗，一首是《观刈麦》，一首就是《宿紫阁山北村》。紫阁北村位于现在户县境内的紫阁峰下，北距唐长安城约30千米，在当时的地质风貌上有"紫阁旭之，灿然而紫"的壮美景观，而且此峰又是当时大德高僧、名人隐者的寄居之地。客店见闻是全诗的主体，先叙暴卒入门来，使官差为兵匪的面目昭然若揭；再写暴卒夺酒食，使主人退而为客的恭立形象鲜明传神；三是暴卒砍奇树，村老惜之不得而无可奈何。暴卒砍树，不啻是"砍"村老的心！

宿紫阁山北村

晨游紫阁峰，暮宿山下村。
村老见余喜，为余开一尊。
举杯未及饮，暴卒来入门。
紫衣挟刀斧，草草十余人。
夺我席上酒，掣我盘中飧。
主人退后立，敛手反如宾。
中庭有奇树，种来三十春。
主人惜不得，持斧断其根。
口称采造家，身属神策军。
主人慎勿语，中尉正承恩。

白居易的《伤宅》写道:

谁家起甲第,朱门大道边?
丰屋中栉比,高墙外回环。
累累六七堂,栋宇相连延。
一堂费百万,郁郁起青烟。
洞房温且清,寒暑不能干。
高堂虚且迥,坐卧见南山。
绕廊紫藤架,夹砌红药栏。
攀枝摘樱桃,带花移牡丹。
主人此中坐,十载为大官。
厨有臭败肉,库有贯朽钱。
谁能将我语,问尔骨肉间:
岂无穷贱者,忍不救饥寒?
如何奉一身,直欲保千年?
不见马家宅,今作奉诚园。

《观刈麦》《宿紫阁山北村》描写的是秦岭关中的穷人生活场景和遭遇,《伤宅》则是秦岭关中的富人豪宅和生活场景。开句的"谁家起甲第,朱门大道边"就写出豪宅的气度:朱门大道边。"朱门"是高贵的门第象征,杜甫有"朱门酒肉臭"。"大道边"也是今日的黄金地产!"谁家起甲第?"答曰:"主人此中坐,十载为大官。""秦中自古帝王都",秦中自古也有更多王侯豪宅。

《伤宅》与秦岭终南山有丰富联系:其一,"高堂虚且迥,坐卧见南山。"依山傍水是风水的基本讲究。此王侯豪宅与《观刈麦》的麦田、《宿紫阁山北村》的北村皆位于秦岭山前的台塬地带,贫富迥异,贵贱大别。其二,"累累六七堂,栋宇相连延。"的大量建筑木材,应该取自秦岭终南山。其三,"绕廊紫藤架,夹砌红药栏。攀枝摘樱桃,带花移牡丹。"豪宅绿化很好,审美趣味颇高。看来不是"暴发户",而是"十载为大官"的人。"问尔骨肉间：岂无穷贱者"几句，是诗人对王侯道德与良知的谴责。"不见马家宅，今作奉诚园。"是宫阙成土的哲理棒喝宫阙成土的哲理棒喝，是世事空幻的人间形象，它促使白居易夜访蓝田悟真寺。既然豪宅主人能邀请白居易做客，他也会和白居易一道去蓝田悟真寺吧。

白居易的《游悟真寺》作于元和九年（814年），"元和九年秋，八月月上弦。我游悟真寺，寺在王顺山。"①起笔不落窠臼，将游悟真寺的时间、地点交代清楚。悟真寺的自然景物，诗人所见，宏观环境是："东南月上时，夜气青漫漫。百丈碧潭底，写出黄金盘。蓝水色似蓝，日夜长潺潺。"树木是"岩崿无撮土，树木多瘦坚。根株抱石长，屈曲虫蛇蟠。松桂乱无行，

◎悟真寺即景

四时郁芊芊。枝梢袅青翠，韵若风中弦。日月光不透，绿阴相交延。"绿荫中的鸟儿，是"幽鸟时一鸣，闻之似寒蝉"，特别是"惊出白蝙蝠，双

---

①韩愈的《南山诗》、白居易的《游悟真寺》和元稹的《望云骓马歌》是唐诗中以秦岭为素材的三大长篇巨制，各具特色。韩愈的《南山诗》是总写，以蓝关遭遇为背景；元稹的《望云骓马歌》以傥骆道为对象，写"良马遭弃"的宰相感怀；白居易的《游悟真寺》最轻松也最细致，是休闲日子所作。

飞如雪翻。"白蝙蝠很少见，能在终南山的悟真寺"惊出白蝙蝠"，也算有殊缘吧。

唐代悟真寺，建筑众多，"前对多宝塔，风铎鸣四端。栾栌与户牖，恰恰金碧繁。""至今铁钵在，当底手迹穿。"观音堂是"众宝互低昂，碧佩珊瑚幡。风来似天乐，相触声珊珊。"并且见到了舍利，"双瓶白琉璃，色若秋水寒。隔瓶见舍利，圆转如金丹。"特别是，"往有写经僧，身静心精专。感彼云外鸽，众飞千翩翩。来添砚中水，去吸岩底泉。一日三往复，时节长不愆。经成号圣僧，弟子名杨难。诵此莲花偈，数满百亿千。身坏口不坏，舌根如红莲。"这位"身静心专"的圣僧名字叫杨难。他感动"云外鸽"，"来添砚中水，去吸岩底泉"，帮助完成了莲花偈的书写。杨难死后，还留下了"舌根如红莲"的圣绩，如同鸠摩罗什。

蓝田悟真寺，有蓝谷神、定心石、谒仙祠；还有最高峰、王顺山、白莲池；还有苍琅玕、芝术田、水陆庵，一句话，蓝田悟真寺，"闻名不可到，处所非人寰。"白居易整整游览了五天！"灵境与异迹，周览无不殚。一游五昼夜，欲返仍盘桓。"

比较一下吧，《观刈麦》26句，《宿紫阁山北村》20句，《伤宅》28句，白居易的《游悟真寺》整整260句。诗句的长度大致上对应了心灵的深度。如此，白居易对《游悟真寺》的兴趣分别是《伤宅》的9倍、《观刈麦》的10倍、《宿紫阁山北村》的13倍。在《游悟真寺》诗的结尾，白居易写道："我今四十余，从此终身闲。若以七十期，犹得三十年。""终来此山住？"没有。游览悟真寺之后，白居易在哪里度过他剩下的35年的晚年岁月呢？答曰：《游悟真寺》诗式的旅游10年，《伤宅》式的豪宅15年，《宿紫阁山北村》5年，《观刈麦》5年。终南山下的《观刈麦》和《游悟真寺》诗，无疑是白居易丰富人生的两大变奏。

诗仙太白风

李白与秦岭太白山同名，因缘殊胜。李白字太白，以太白山的名字为名字，耐人寻味。作为李白的同代诗人和友人，杜甫的《春日忆李白》写道："白也诗无敌，飘然思不群。清新庾开府，俊逸鲍参军。"如果用太白山给李太白作譬，那么，李白的"清新"便有如太白山上的草甸花丛，其"俊逸"好似太白山的冰川云峰。就像太白山以其高而兼容了千里的不同景观一样，李白也以同样的高拔，而兼容了"清新"与"俊逸"这两种完全不同的诗境风格。杜甫给他找到的前辈诗人与参照，是南北朝时期的鲍照（"俊逸"）和庾信（"清新"）。就像对太白山造化之"美"与"真"需要不断进行地质层面的开掘一样，对李白诗歌也一而再地深化着：到了晚清龚自珍的《最录李白集》，为李白找到的精神前辈与参考已经是屈原和庄周："庄屈实二，不可以并，并之以心，自白始。"在此基础上，李泽厚进而指出，李白是庄子飘逸和屈原瑰丽的结合，是"中国古代文学……诗的极峰"（《美的历程》）。①

---

① 李泽厚：《美的历程》，文物出版社1982年版，第134页。在名著《美的历程》中，李泽厚先生以"青春、李白"为题，突出了李白诗歌人道层面的青春自然。李白诗歌除了"青春自然"的清新外，另一个特征就是"天道自由"下的俊逸。杜甫赞叹曰："白也诗无敌，飘然思不群"；《美的历程》把李白创作推为"诗的极峰"，一点也不夸张。

©太白云意远

太白山也是秦岭南山的"极峰",高3676.2米,为中国东部最高峰,就像李白作为中国古典诗歌的最高峰。从杜甫的庚信、鲍照到龚自珍的屈原、庄周,给李白所找到的诗歌地质层面,的确也是一种深化——这就是李白诗歌中的"入世"与"出世"的二元张力与偕同演升,如同太白山地质演化中的"水"与"火"一样。但与"庄周的飘逸和屈原的瑰丽"比起来,我们仍然觉得,杜甫概括出来的"俊逸"和"清新"还是距离李白更近一些。李白的确经常以"云""风"入诗,也的确对"道"有极深的兴趣,然而由于对大地世界的丰富感情与牵引,他也的确没有成为职业"道家",始终未能"飘"起来。李白诗歌的"逸"是国舅磨墨、力士脱靴,桀骜不驯,豪情巨大的在世自由力量表现,因而是对象化抗击对峙之"俊",而非无对象性的整体升空之"飘"。"飘逸"与"俊逸"之别,就像庄子与李白的差别,就像天山与太白山、喜马拉雅山与秦岭的差别一样。"飘逸"是纯粹与"天"对话,李白与太白山接近,而未达到那样的高度。选择相对人间化在世方式的"俊逸",有技术方面的因素与情怀方面的因素,李白则主要源于后者,《古风之五》

◎太白醉酒图

写道:"我来逢真人,长跪问宝诀。桀然启玉齿,授以炼药说。""吾将营丹砂,永与世人别。"

在"道"的问题上,李白得到了"技术"内容("授以炼药说"),并决心以"营丹砂"而"与人别";倘此,那是纯粹的"飘逸",然而由于纯粹是情怀方面的因素,李白还是选择了"与人共在"的"俊逸":"稽首再拜之,自愧非仙才""笑我晚学仙,蹉跎凋朱颜""贤圣既已饮,何必求神仙。三杯通大道,一斗合自然""醉后失天地,兀然就孤枕。不知有吾身,此乐最为甚""仙人殊恍惚,未若醉中真"。李白在酒醉中实现了"飘逸",在酒醉中,李白有"乐""真""自然"与"大道",是借酒力"不知有吾身"的飘逸境界。"境界"不是"世界",为保持此境界,李白不惜"三百六十日,日日醉如泥"。酒醉总有醒的时候,"醒"意味着境界消逝,世界在前。于是,"醒"时登山漫游与"醉"中飘逸超升成为李白的两种在世方式。"仙人抚我顶,结发受长生。误逐世间乐,颇穷理乱情",这是醒时面对"道"的反省忏悔。"君不见骊山茂陵尽灰灭,牧羊之子来登攀""今日汉宫人,明朝胡地妾",这是醒时面对"世"的反省出离。"张良未逐赤松去,桥边黄石知我心",张良乃是李白的榜样。然而,张良是身逢乱世,以匡世之才建功立业而永恒辉煌;李白自己是面对盛世,曾接近玄宗又未征服帝心,又为何"未逐赤松去"呢?除了"酒"外,还有一个具体的理性根据是"风险意识"。有唐一代,除唐太宗外,包括李白面对的玄宗皇帝在内据说都是服丹而亡。这是与"道"有

◎太白云海

关的巨大风险事件。唐代诗人中间,据载卢照邻之死与炼丹有关,这也是李白眼前的一个诗人修道的失败例证。由于酒的魅力与道的风险,李白放弃"飘逸"而成一己独特的"俊逸",一如太白山虽云顶飘风而主体仍在现实世间一样。

李白虽然未抵"道"的飘逸高度,但他面对现世仍有巨大的出离优越感,毕竟是从"山"回到地面上的。这就不同于屈原从金碧辉煌的宫殿走到地面(江畔)上。论入世的时间与政治地位,李白要弱许多,于是同样面对君王"丢弃",李白的痛苦也弱许多。屈原投身汨罗江,而李白有酒就基本可以了,何况还有"道"的飘逸世界。宫廷的金碧辉煌、大地的多彩美好以及情感的丰富沉痛,造成屈原的"瑰丽"。论宫廷的金碧辉煌,李白进入而未深入;论大地的多彩美好,李白以"道"化繁为简;论情感的丰富沉痛,李白从酒醉中解脱。屈原的根本信仰是"国家社稷",李白的根本追求乃是"大道""自然";屈原追求人道之极,李白尚心系天道之籁。因而李白不会是"瑰丽",而是与其相反的"清新"。

《静夜思》《赠汪伦》及《古朗月行》为"清新"自然的千古经典,酷似儿歌,源自童心。选择童心清新,儿歌自然的诗风是"山"赋予的。李白以《山中问答》总结道:"问余何意栖碧山,笑而不答心自闲。桃花流水窅然去,别有天地非人间。"如果说,"山"的自然地理赋予李白以诗的清新,那么山的人文地理则给了他以"道"的俊逸。对于秦岭北麓的

©太白揽胜

三大名山——太白山、终南山和华山，李白均有"清新"兼"俊逸"的千古绝唱。

　　李白的《古风之五》写太白山的巍峨无限感，"太白何苍苍，星辰上森列"是太白山的直觉地望感受，是天人合一的地方，星辰就在人的头顶上"森列"。一个"森"字，既把太白山的森林地望又把山顶高寒，还把天空旷清写出来了。"去天三百里，邈尔与世绝"，既是山下世界对太白山的视望印象，也可看作是李白对太白山远离山下人间的感叹，概括就是"与世绝"。太白山是与世隔绝的地方，这就是前四句太白山自然地望描写的结论。然而，《古风之五》写太白山的重点不在自然地理，而在人文地理；或曰，李白写太白山的重点不是"山"，而是"道"，是以山写道和以道写山。在太白山这个"与世绝"的地方，"中有绿发翁"—— 他，"披云卧雪松，具栖在岩穴"，这是其生活的自然环境。"不笑亦不语，桀然启玉齿，竦身已电灭"，还有绿色夜光的飘发，这是其主体神态形象。在太白山这个"与世绝"的地方，绿发翁无疑是绝世高人。许多李白的诗集、选集都未选《古风之五》，未欣赏太白山的绿发翁故事，而会选《蜀道难》《梦游天姥吟留别》。朋友们，西汉高速、西宝铁路已经使"蜀道不再难"；《侏罗纪公园》《阿凡达》已游天姥山之梦。可太白山的绿发翁故事呢？首先它非"阿凡达"式的电影艺术，其次不是天姥山的梦游，而是写实性的太白山人文故事和修道高人。"我来逢真人"，李白写得分明，到底是提前相约还是山林偶遇，这只能唤李白于九泉了。总之，一见到绿发翁，李白即"长跪问宝诀，苍然五情热"。以李白的风骨见识，"长跪""情热"，足见绿发翁的心灵征服力之大了，也让我们多少理解了孔子的《论语》中的一句话："朝闻道，夕死可矣。"

　　《登太白峰》主要写太白山的自然景色。"西上太白峰，夕阳穷登攀"，"西上"相对于太白山的东边长安，"夕阳穷登攀"，登过太白山的朋友对此会深有体会。已至夕阳，山色幽暗；力气、时间、路途都将人逼到一个无奈角落："穷"。不想再走了，也不敢停下，还有那么长的路途，就剩下这么一点时间——"夕阳"。一个"穷"字既写出人与时间的艰难竞赛，也写出人面对太白山的攀登命运；未攀登过太白山的人无法知

"穷"。"太白与我语"到"前行若无山"是"穷攀登"的结果与报酬：登上顶了——太白山与人言说，并为人打开"天关"。"愿乘冷风去"四句是《古风之五》中"太白何苍苍，星辰上森列"的展开描写。其中的"前行若无山"写太白山顶的古台塬地貌与冰川遗迹，尤为传神。在太白高山，"行若无山"，就把山顶的台塬地貌写活了。"一别武功去，何时复见还？"我们不能确定李白究竟是在与太白山说再见，还是与绿发翁惜别，抑或是向京都长安致意。

◎太白幽境

李白的《下终南山》，全名是《下终南山过斛斯山人宿置酒》，是一首令人迷醉的农家乐诗篇。全诗写道：

　　暮从碧山下，山月随人归。
　　却顾所来径，苍苍横翠微。
　　相携及田家，童稚开荆扉。
　　绿竹入幽径，青萝拂行衣。
　　欢言得所憩，美酒聊共挥。
　　长歌吟松风，曲尽河星稀。
　　我醉君复乐，陶然共忘机。

唐诗中，只有孟浩然的《过故人庄》接近其美妙与温馨。从《过故人庄》及其"故人具鸡黍，邀我至田家"来看，孟浩然的农家乐是故人预先相约的。李白的《下终南山》却是下山迷路，意外投宿，"却顾来所径，苍苍横翠微"。李白找不到"所来径"，只好"相携及田家"。说明情况后，"欢言得所憩，美酒

◎世外桃源

聊共挥"。不仅"得所憩",且"美酒共挥"——干杯!同时"长歌",直到天明。《过故人庄》的故人家是"开轩面场圃,把酒话桑麻。待到重阳日,还来就菊花。"是热爱文化的普遍农家。《下终南山》的山人家是"绿竹入幽径,青萝拂行衣。"且饮的是"美酒"与"长歌吟松风",看来是有更高文化品位的富庶山庄。孟浩然与终南山下的"故人"宴会的结尾是"待到重阳日,还来就菊花"。就是说,下一次农家乐是相约重阳节,尚如此清醒与理性。而李白的"我醉君复乐,陶然共忘机",其高兴程度和醉情,都在孟浩然的"故人庄"之上。不知是李白的命富贵,还是终南山的风水好?"陶然忘机",千金难逢!李白离开关中之后,对长安的忆恋可谓一往情深。读罢此《下终南山》,容易理解了。

李白的《望终南山寄紫阁隐者》与《古风之五》一样,题材是道山与山道。两者所不同的是,《古风之五》是以山写道,"道"(绿发翁)占主体内容;《望终南山寄紫阁隐者》是以道写山,"山"(终南山)占大半篇幅。《古风之五》是身处其间,人在山巅,以震撼与崇高性见长;《望终南山寄紫阁隐者》则身处其外,人在山下,以含蓄与优美化胜出。这可能是人类审美原理深层规定了的:崇高以强烈体验为特征,主体与对象是零距离,是升腾性的心情扩张;优美则以宁静观照为特征,主体与对象有距离性,是欣赏性的心灵专注。《古风之五》中的"长跪""铭骨"和"情热"都是面对绿发翁高人的崇高感与体验强烈言说。《望终南山寄紫阁隐者》首先一个"望"字就是一种距离化体现,这种距离化使李白面对"灭迹栖绝巘"的紫阁隐者,既主体自由又感受丰富:论自由,他忽而满眼苍翠,忽而白云舒卷;论丰富,既"秀色难名"又"领意无限"。但这种无限丰富的自由感受又保持着意识的高度清醒(不同于《古风之五》的"情热"):"日在眼""有时起"和"每不浅"的时间副词既涉及日常状态,也涉及准确记忆,其中的计量性质是要在心智丰富且高度清醒的状态下,才可能实现。《望终南山寄紫阁隐者》以秀色写隐者,以白云状幽人,以主体的自由丰富写对象的崇高,以观照欣赏代替冲动皈依,其艺术本领与深邃启迪,实为唐诗写终南山屈指可数的佳作。

《西岳云台歌送丹丘子》是李白的华山名作。李白写道:

西岳峥嵘何壮哉！黄河如丝天际来。
黄河万里触山动，盘涡毂转秦地雷。
荣光休气纷五彩，千年一清圣人在。
巨灵咆哮擘两山，洪波喷箭射东海。
三峰却立如欲摧，翠崖丹谷高掌开。
白帝金精运元气，石作莲花云作台。
云台阁道连窈冥，中有不死丹丘生。
明星玉女备洒扫，麻姑搔背指爪轻。
我皇手把天地户，丹丘谈天与天语。
九重出入生光辉，东来蓬莱复西归。
玉浆倘惠故人饮，骑二茅龙上天飞。

与《望终南山寄紫阁隐者》一样，这也是一首以山写道、以山为主的"道情"诗作。不同的是，《望终南山寄紫阁隐者》是在长安郊外望山，身在山外；《西岳云台歌送丹丘子》则是华山云台回顾，身在山中。同样是身在山上，《古风之五》的太白山上，是以道为主，"长跪""情热""与人别"，热情皈依；《西岳云台歌送丹丘子》则是以山为主，充分欣赏地质、山貌的神话。就地貌角度看，诗人写了云台观、西岳三峰、

◎太白秋意浓

黄河、仙人掌等；就地质角度而言，写了"白帝金精运元气"与"石作莲花云作台"，特别是地质造山的神话表达：巨灵擘山、黄河圣人以及气象学的"荣光休气纷五彩"。从自然地理与人文地理看，西岳皆为圣山，李白在西岳圣山没有热情皈依，反而是充分欣赏，其一是有美女明星洒扫，其二云台的主人丹丘子是自己的友人。在"明星玉女备洒扫"的场景下，李白甚至想到了"麻姑骚背指爪轻"，温暖固然温暖，但在华山西岳云台观，多少有点想入非非，是没有免"俗"的体现。由"麻姑轻爪"，李白接着写"我皇手把天地户"。丹丘的"与天语"则是"九重出入生光辉，东来蓬莱复西归"。虽然已抵不死境界，因为是朋友，李白在诗中仍称之为丹丘生，"云台阁道连窈冥，中有不死丹丘生"。联想到往日的友情，在诗的结尾，李白希望丹丘子："玉浆倘惠故人饮，骑二茅龙上天飞。"

在"茅龙天飞""玉浆惠饮"的梦想与神奇中，李白完成了华山云台歌。诗仙李白的秦岭，就是这样一个充满梦想与神奇的仙道世界，一个"清新"兼"俊逸"的河山世界。

诗圣江头哀

李白与杜甫,是盛唐诗人的两个领袖,史称"李杜"。如果说李白及其浪漫诗歌多有对秦岭名山——太白山、华山巅峰风云的描绘歌唱,杜甫及其现实诗风则多是秦岭山脚池水——曲江、渼陂的咏叹。《哀江头》与《渼陂行》一苦一乐,一悲一喜,一现实境况一往事忆恋,是杜甫对秦岭长安生活的二重奏。先看《哀江头》:

◎《哀江头》诗意图

少陵野老吞声哭,春日潜行曲江曲。
江头宫殿锁千门,细柳新蒲为谁绿?
忆昔霓旌下南苑,苑中万物生颜色。
昭阳殿里第一人,同辇随君侍君侧。
辇前才人带弓箭,白马嚼啮黄金勒。
翻身向天仰射云,一箭正坠双飞翼。
明眸皓齿今何在?血污游魂归不得,
清渭东流剑阁深,去住彼此无消息。
人生有情泪沾臆,江水江花岂终极。
黄昏胡骑尘满城,欲往城南望城北。

《哀江头》的"江",即西安南郊的曲江。《旧唐书·文宗纪》记载:"曲江,帝妃游幸之所,故有宫殿。"后来被毁坏了,所以到唐文宗时,读了杜甫这首诗,"乃知天宝以前曲江四岸皆有行宫台殿,百司署,思复升平故事,故为楼殿以壮之"。《哀江头》与著名的《春望》,皆写于至德二年(757年)的春天。"国破山河在"是历史背景;"城春草木深"是语境时节,合之为《春望》与《哀江头》的悲剧主题。此时的杜甫是作为俘虏被押回长安,自己偷偷跑到曲江的:"少陵野老吞声哭,春日潜行曲江曲。"诗中的"潜行"即偷跑之意。秦岭依在,渭河依流("山河在"),然而国破家亡,太痛苦了,"少陵野老吞声哭"。"少陵"即杜陵,终南山下的知名台塬。曲江在杜陵之北,水从杜陵

◎杜甫像

而来,源于南山秦岭。少陵野老之哭,也是曲江秦岭在哭,是国破的"山河"在哭。其道理,《春望》中"感时花溅泪,恨别鸟惊心"写得分明。

　　从"江头"到"消息"14句,是诗的主体,是对照鲜明的悲剧景象,概括起来,即皇帝的一时之欢、一己之乐造成了山河之破、社稷之悲!"细柳新蒲为谁绿"?历史的悲剧使无辜的"细柳新蒲"也在承担人的罪责。本来,"细柳新蒲"的早春三月,乃是生命和希望的季节!"国破山河在"是整体而言的,具体说是"国破山河悲"。前者是存在论,后者是价值论。家国沉痛使诗人的哭声超越着自然界的感性存在,"人生有情泪沾臆,江水江花岂终极"。山河与人的痛苦于是出现了三种关系:①"国破山河在",山河与人痛苦无关。②"感时花溅泪",山河直接引起人的痛苦。③山河承担人的罪责,却无法完全承担人的痛苦。山河与人的痛苦处于暧昧状态。这种复合的甚至自相矛盾的山河与人的感情关系,正道出

了痛苦之深重——结语"欲往城南望城北"表明,痛苦对诗人生命的消损是多么巨大,正处于悲痛、哀伤的灾难境地。

如果联系《哀江头》前后的诗作,则"感时花溅泪"是一种基本情况。在《同诸公登慈恩寺塔》中,杜甫写道:"秦山忽破碎,泾渭不可求。"在《奉赠韦左丞丈二十二韵》中有:"今欲东入海,即将西去秦。尚怜终南山,回首清渭滨。常拟报一饭,况怀辞大臣。""秦山破碎",终南山多么可怜啊!此诗的前半部分交代了背景:"骑驴三十载,旅食京华春。朝扣富儿门",受尽悲辛凌辱,杜甫于是决意离开。又是什么将诗人杜甫留下的呢?是终南山与渭河:"尚怜终南山,回首清渭滨。"秦岭与渭河作为长安山河象征,对人们来说具有两大意义:其一,山河作为国家社稷的自然符号与本体指涉,对政权的倾轧和黑暗具备超越与批判地位。其二,山河作为自然界的最大意象,是山水自然审美的感性代表,有着对社会批判与支撑人文的哺育功能。在《三绝句》其一中,杜甫写道:"二十一家同入蜀,惟残一人出骆谷。自说二女啮臂时,回头却向秦云哭。"

《三绝句》是人们对着秦岭云而哭,《哀江头》是诗人在曲江头吞声而哭。《同诸公登慈恩寺塔》写于"安史之乱"中,已经"秦山忽破碎,泾渭不可求"。那么,《春望》写于"安史之乱际,何以"国破山河在"呢?原来的"山河在",正是当下"国破"的巨大见证,以表面的无关表达着深刻的相关。"黄昏胡骑尘满城","城"在,正是山河遭受蹂躏的场景见证。"黍地无人耕,兵革既未息",地"在",正是战争苦难的呻吟写照。战前的"秦山忽破碎",使我们对战中的"国破山河在",有了更深刻与更真实的解读:"国破"中的"山河"是"在",表面与人的痛苦无关,深层却有着根本的相关,直接就是痛苦的存在见证与天地言说,"国破山河在"正指控人的罪行与山河的无辜。"秦山忽破碎,泾渭不可求",还我河山,救我"秦山",救我"泾渭",就是杜甫的痛苦心声!"秦山当警跸,汉苑入旌旄"——杜甫像啼血的杜鹃,声声都是带血的希望。

离开长安,离开秦山之后,杜甫像他的《哀江头》所言:"人生有情泪沾臆，江水江花岂终极。"身不在长安与"秦山"，心仍系长安与"秦山"。如他所说的"孤舟一系故园心"，所谓"忧端齐终南，颃洞不可掇"。

在《秦州杂诗》中，他写道："清渭无情极，愁时独向东。"长安在秦州天水的东方。清澈的渭水东流不息，思乡的杜甫却只能滞留西方，"无情极"了！在《归雁》中，他写道："肠断江城雁，高高正北飞。"此时，诗人在巴蜀南方，江城之雁"正北飞"，惹得他肠断望乡。在《夜》中写道："南菊再逢人卧病，北书不至雁无情。"在

◎杜甫《秋兴八首》诗意

《冬至》中，杜甫是"心折此时无一寸，路迷何处见三秦"；在《喜观即到复题短篇》中，是"款款话归秦"；在《奉送严公入朝》中，是"此生那老蜀，不死会归秦"——表达了对秦山长安情深至爱的故乡心。

《秋兴八首》是杜甫对秦山故园岁月的总结，尽管总体为哀歌，也有如《渼陂行》唱出的秦山欢乐颂。《秋兴八首》从"丛菊两开他日泪，孤舟一系故园心"开始，以"彩笔昔曾干气象，白头吟望苦低垂"终。《秋兴八首》从之二到之七是杜甫一生惊心动魄、鬼泣天哀的形象回顾：如以"落日斜"对"望京华"；以"宫阙对南山"对"沧江惊岁晚"；以"瞿塘口"对"曲江头"；以"秦中自古帝王州"对"江湖满地一渔翁"，巨大鲜明、无可推诿的对比画面，将家破国败的"不堪愁"置于宇宙与人心的天平上！悲愁中的欢快出现在《秋兴八首》的最后一幕。作为杜甫的老

友,李白曾云:"谁说秋天悲,我觉秋天逸。"多悲的杜甫在《秋兴八首》最后,也加了"逸气",这就是"之八"的欢乐氛围,这与他最后岁月说的"国破大臣在,不必泪长流"是一致的。所不同的是,这是无奈的自我安慰。而《秋兴八首》的欢乐氛围则源于美好回忆的真实事件。在《秋兴八首》中,杜甫写道:

> 昆吾御宿自逶迤,紫阁峰阴入渼陂。
> 香稻啄余鹦鹉粒,碧梧栖老凤凰枝。
> 佳人拾翠春相问,仙侣同舟晚更移。
> 彩笔昔曾干气象,白头吟望苦低垂。

萧涤非先生引用《汉书·扬雄传》,在《杜甫诗选注》中写道:"白长安往游渼陂,必经昆吾御宿二地,一路行来,故曰逶迤。"其实,去渼陂完全不经过"昆吾御宿"。就自然地理而言,"昆吾御宿"位于长安东南的蓝田县方向,"渼陂湖"位于长安西南的户县方向。"自逶迤",就自然地理而言,是写"昆吾御宿"的自在面貌。就人文心情言,是杜甫在向"昆吾御宿"的诀别,一如前三首诗中向"蓬莱、曲江、昆明"朝廷之事的告别。毕生忠心的杜甫,终于要向朝廷说"再见"了。只有个人的往昔游赏才真正带来欢乐空气。"渼陂行"是杜甫的桃花源,"渼陂行"成了宝贵的欢乐忆恋。我们试着翻译一下,以分享诗人晚年难得的欢乐:

> 在碧清的陂湖岸上,
> 鹦鹉在啄食满地的香稻,
> 动人的凤凰啊,
> 往碧绿的梧桐树枝西飞,
> 更有绝美的佳人,
> 在明媚的春天,
> 手依嫩翠的柳枝致意。
> 朋友们簇拥的小舟,

正向美妙的湖心驶去。
朋友们啊，再见了！
宫阙绿映的昆明湖，
昆吾御宿的皇家苑，
在这最后时分，
让我们——
走进终南紫阁的峰荫，
走进渼陂湖水的梦幻。
昔日彩笔舞天的人啊！
白头吟望：再见，再见了！

在著名的《兰亭序》中，王羲之总结了审美欢乐事件构成的四大要素，谓之："良辰、美景、赏心、乐事。"终南山下的渼陂湖成为杜甫悲愁晚景的欢乐颂就与此密切相关。在《秋兴八首》之外，杜甫还有《城西陂泛舟》与《渼陂行》：

城西陂泛舟

青蛾皓齿在楼船，横笛短箫悲远天。
春风自信牙樯动，迟日徐看锦缆牵。
鱼吹细浪摇歌扇，燕蹴飞花落舞筵。
不有小舟能荡桨，百壶那送酒如泉。

渼陂行

岑参兄弟皆好奇，携我远来游渼陂。
天地黯惨忽异色，波涛万顷堆琉璃。
琉璃汗漫泛舟入，事殊兴极忧思集。
鼍作鲸吞不复知，恶风白浪何嗟及。
主人锦帆相为开，舟子喜甚无氛埃。
凫鹥散乱棹讴发，丝管啁啾空翠来。

沈竿续缦深莫测，菱叶荷花净如拭。
宛在中流渤澥清，下归无极终南黑。
半陂以南纯浸山，动影裊窱冲融间。
船舷暝戛云际寺，水面月出蓝田关。
此时骊龙亦吐珠，冯夷击鼓群龙趋。
湘妃汉女出歌舞，金支翠旗光有无。
咫尺但愁雷雨至，苍茫不晓神灵意。
少壮几时奈老何，向来哀乐何其多！

◎秀色渼陂

◎渼陂空翠堂

《城西陂泛舟》尾句"小舟荡桨百酒泉",与首句的"青蛾皓齿在楼船"合起来,让我们想到著名的流行民歌:"妹妹你坐船头,哥哥我岸上走……纤绳荡悠悠",其欢乐美好,溢于言表,"横笛短萧"之"悲"成了"少年不识"之"愁"。清风自信,人在欣赏("迟日徐看"),"鱼吹细浪""燕蹴飞花",多么欢快、风流、雅致!对于一生多是"泪沾臆"的诗人,渼陂时光是多么难忘、难得、难留!从《秋兴八首》到《城西陂泛舟》《渼陂行》,杜甫三番两次忆恋渼陂,无非是希望留住青春、留住美好、留住欢乐!

　　纵观杜甫的"渼陂行","良辰"是"春风自信牙樯动"和"佳人拾翠春相问"的春游季节;"美景"是"紫阁峰阴入渼陂"和"半陂以南纯浸山"的水墨自然;"赏心"是"青蛾皓齿在楼船"和"丝管啁啾空翠来"的美女声乐;"乐事"是"百壶那送酒如泉"和"仙侣同舟晚更移"的审美欢乐。"骊龙吐珠""冯夷击鼓""湘妃歌舞""金支翠旗"在《渼陂行》一时并集,充分表明:只要"良辰、美景、赏心、乐事"具备,一生"忧端齐终南,洞不可掇"的诗圣杜甫,不仅在"渼陂行"完全进入了"横笛短箫"的审美世界,并且进入了"湘妃歌舞"的神仙境界。[①]

[①]众所周知,王维有写蓝田县境内的《辋川集》和辋川别业,韦应物有写长安境内的二十几首"沣峪诗"和修真观。比较言之,杜甫没有那样固定的生活基地,其写的户县境内的渼陂诗也算最多。

"空山人迹"辋川寻

德国著名的汉学家顾彬著有《中国文人的自然观》一书,他说,就诗唐而言,最能够写出山的空寂、空旷和空灵的人首推王维。通过王维的"空山"——《辋川集》,我们可以看到一位盛唐大诗人的山水意识和秦岭世界。

纵观王维其人其诗,有三个主要特点:①成名早,成就高;②书与画双融;③空与实交响。

盛唐四大诗人,王维成名最早,成就甚高。王维21岁中进士,白居易28岁中进士,杜甫长安科举10年无果,李白放弃科举人生。脍炙人口的

◎辋川图(王维)

《九月九日忆山东兄弟》是王维17岁的诗作。王维的诗在其生前以及后世都享有盛名。史称其"名盛于开元、天宝间，豪英贵人虚左以迎，宁、薛诸王待若师友"（《新唐书》）。唐代宗曾誉之为"天下文宗"。杜甫也称王维"最传秀句寰区满"。

苏轼曾说："味摩诘之诗，诗中有画；观摩诘之画，画中有诗。"王维不但有卓越的文学才能，而且是出色的画家。对秦岭自然的热爱和长期的山林生活经历，使王维笔下的山水景物特别富有神韵，略事渲染，便表现出深长悠远的意境。他的诗取景状物，极有画意，色彩映衬鲜明而优美，尤善于细致地表现自然界的光色和音响变化。例如"声喧乱石中，色静深松里"（《青溪》）、"泉声咽危石，日色冷青松"（《过香积寺》）以及《鸟鸣涧》《鹿柴》《木兰柴》等诗，都是体物入微之作。王维并著有绘画理论著作《山水论》《山水诀》。

其《山水论》言："山高云塞，石壁泉塞，道路人塞。石看三面，路看两头，树看顶头，水看风脚。此是法也。"

其《山水诀》言："夫画道之中，水墨最为上。肇自然之性，成造化之功。或咫尺之图，写千里之景。东西南北，宛尔目前；春夏秋冬，生于笔下。初铺水际，忌为浮泛之山；次布路歧，莫作连绵之道。主峰最宜高耸，客山须是奔趋。回抱处僧舍可安，水陆边人家可置。"

王维秦岭南山诗的最大特点便是"灵性"与"空悟"。在王维秦岭南山诗里，秦岭就是一座"灵山"与"空山"。在《山居秋暝》中以"空山新雨后，天气晚来秋"写秦岭的空灵；在《终南别业》中以"空居法云外，观世得无生"写秦岭的空观；在《鹿柴》中以"空山不见人，但闻人语响"写秦岭的空寂；在《哭孟浩然》中以"故人不可见，江水日东流"写江水的空茫；在《送李太守赴上洛》中以"野花开古戍，行客响空林"写商山的空林；在《终南山》中以"白云回望合，青霭入看无"写终南山的空慧。佛教大乘的《大智度论》有28空。诗佛王维于秦岭终南山，也完成了他自己28空的辋川世界。在盛唐文豪中，王维被誉为"诗佛"。从以上"空林""空山"和"空观"等频频出没于秦岭终南山看，视王维为"空手道"更为贴切。

战国宋玉楚辞中的悲秋且不算,至少从魏武曹操的"秋风萧瑟,洪波涌起",中经南北朝阮籍的"开秋兆凉气,蟋蟀鸣牀帷",陶潜《饮酒·秋菊有佳色》中的"秋菊有佳色,裛露掇其英",《古诗十九首》中"秋蝉鸣树间,玄鸟逝安适""出户独彷徨,愁思当告谁",至盛唐杜甫的《茅屋为秋风所破歌》,中国诗学审美中的悲秋意识已然浮出水面、蔚然可观、形成传统。悲秋意识始于感伤,终于空幻。王维的"空观",即中国诗学悲秋审美意识的集大成者和终结者。作为"空手道"掌门人,王维的"空山新雨后,天气晚来秋",无论自然意识("晚秋")还是诗歌形式(五言),其根须都深扎于上述传统的肥沃土壤中。

与南北朝诗人多是在客舍孤床"悲秋"不同,王维是独自走到山外,欣赏夜月:"明月松间照,清泉石上流。""空山"是从"悲秋"中走出的一种解脱意识与方式,心灵的宁静与轻松让人欣赏到"松间照"的明月,欣赏到"石上流"的清泉。南北朝时期严重的庶族门阀观念、劳工卑下诸偏见,也同样为"空观"打破:"竹喧归浣女,莲动下渔舟",人间的劳动与松间的明月照是二重性的美:同一个画面,同一属性的恬美。最后以"随意春芳歇,王孙自可留"的诚恳呼唤结尾。王孙公子们呐!这里的秋景,不逊色于任何随意歇息的春天,你们完全可以拥有另一番享受与

©清泉石上流

自由。王维对"王孙"的吁请，使本来宁静恬然的山居秋景，平添奔放与富贵。

终南山此时在王维笔下，不再是传统的"悲秋"与"愁"，而成为"空山"与"美"，这既得自于盛唐社会的开放，也有赖于诗人内心的超脱自由。与《山居秋暝》相同的还有《早秋山中作》与《奉寄韦太守陟》，主题皆"空山"之美。《奉寄韦太守陟》略有不同，已不是"空山"，而是"万里山河空"，是"故人不可见"的寂寞、思念与深情。《早秋山中作》与《山居秋暝》也略有不同，这是一首七言律诗。"七言"相比"五言"，一般总能把诗歌内涵说得更清楚一些、更具体一些；《早秋山中作》较之于《山居秋暝》正是如此："无才不敢累明时，思向东谿守故篱。岂厌尚平婚嫁早，却嫌陶令去官迟。草间蛩响临秋急，山里蝉声薄暮悲。寂寞柴门人不到，空林独与白云期。"

"草间"两句，明显由《古诗十九首》中"秋蝉鸣树间"等句转化而来，结尾"寂寞柴门人不到，空林独与白云期"也能看出"出户独彷徨，愁思当告谁"的影响痕迹。不过，王维的《早秋山中作》的突破创新更为可观：①南北朝诗人包括《古诗十九首》的作者在内，"秋思"的场所是在城镇或村庄，王维却是在"山中"；②"出户独彷徨，愁思当告谁"中，主人是"出户"而不知"当告谁"，愁苦已临不堪独当的程度与界限；王维却是"东谿守故篱"，有人来甚好，无人来则"空林独与白云期"，而不会离开"寂寞柴门"出山找别人。"山居"意味着，王维已经跨越愁苦独当的普通程度与界限，已能享受"悲秋"，使"悲秋"从愁情苦思中亮出"空山"与"美"或"空山之美"。终南山的"空山之美"，既显出盛唐的强大与优越，也显出王维的强大与优越。如果与魏晋南北朝比，这一"空山之美"就愈发独特艳羡，愈发魅力无限。比较首先是诗人自己作出的，"岂厌尚平婚嫁早，却嫌陶令去官迟"。"岂厌"有两种解释：其一，与秋居的"空山之美"比，"尚平婚嫁早"是否定性内容和对象，跟"官"一样应遭"厌离"；其二，与"陶令去官迟"比，"尚平时代"的"婚嫁早"是人间难得的甜蜜、幸福和温暖。所谓"洞房花烛夜，金榜题名时"的人生两大快事，王维都是幸福的优先拥有者。那么，它在山居王维的内心与记忆中，就应该是可保留的幸福时光。第二种释义的可能性较大。"却嫌陶令去官迟"的释义都是确定唯一的："陶令去官"，可赞；"去官太迟"，可叹！事实上，与陶渊明比起来，王维"去官"要迟得多，且后来在"安史之乱"时期出任"伪官"，入狱丢官差点亡命。命运当然有偶然性，"却嫌"这类空洞与不符合史实的虚词，让我们看到一位少年得志、官至右丞、天才诗人不够坚实的"前科"与"虚作"。与王维相伴近30年的辋川，作为秦岭的空山之美，明清之后和"文革"之中，风情式微，日趋荒芜，面目皆非。岂偶然哉？岂无迹可寻欤？

在王维的终南山诗中，"空山之美"不仅笼罩悲秋，已然君临明媚的春天："人闲桂花落，夜静春山空。月出惊山鸟，时鸣春涧中"（《鸟鸣涧》），"山中相送罢，日暮掩柴扉。春草明年绿，王孙归不归"（《送别》）。现实的打击是沉重的，对王维的影响非常明显。从前在《山居秋暝》中，王维从悲秋转化而来的"空山之美"，尚明朗、轻松、乐观、自信；如今在"山鸟时鸣"的春天，他显得非常抑郁、消沉、不自信。从前在秋天，尚是"随意春芳歇，王孙自可留"的乐观呼唤，现在却是"春草明年绿，王孙归不归"的犹豫、无把握。一样的"空山之美"，两样的诗人之心；一样的秦岭南山，两样的心灵目光。如果说《山居秋暝》中的王维让人羡慕，《鸟鸣涧》《送别》的诗人则让人同情。

◎秦岭小景

◎《山居秋暝》诗意

前者是诗人给秦岭带来了"空山之美",在后者诗人则给秦岭带来"空虚之哀"。王维以"王孙归不归"道出了孤独遭弃的犹豫和恐惧。他的"端坐学无生""归来且闭关"颇为勉强,也收效甚微。著名的《过香积寺》将地望位置都搞错了,却给香积寺留下难得的诗歌之美,可谓诗人不幸山河幸。王维的"空山"之思,从秋林之空到春山之空,从"山河之空"到"胜事之空",最后走到归宿性的"空山不见人,但闻人语响。返景入深林,复照青苔上"(《鹿柴》)。

"返景入深林"显然是心系人声,循声觅人,见出诗人独居"鹿柴"仍心在人间,空山的人声即留下的人迹。"空山不见人",但却留下了人的踪迹。如果进入王维诗歌的"深林",在那空山的"青苔上",我们不仅可以听见"人声",更会发现"人迹"。"空山有人迹",诗佛王维之谓也!诗佛王维的"空山有人迹",诚然与"佛"的净土还有相当距离,却给秦岭南山留下了诗的空灵世界。王维"空山人迹"的诗歌,使秦岭成为一座魅力无穷的空灵之山。

终南幽静

秦岭人文地理与宗教

 下编

DAOGUAN QINLING

道观秦岭

第八章
楼观·道观·玄都观

几年前,学术界出现了一本影响颇大的书,即赵汀阳所著的《没有世界观的世界》。"没有世界观"的基本缘由,是世界上的人们既无"楼观""道观",也无"玄都观"决定下的"世界观"了!"世界"的概念,来自于佛学,失去"观",现代众生就将借来的"世界观"还回去了。现代众生满眼都是"三楼"——楼房、楼盘、楼市,如果希望寻回自己丢失的"世界观",最好的办法还是回到终南山下的"楼观"。

华夏九州有众多的道观,却只有一个"楼观",即秦岭终南山下的楼观台。楼观台是老子著书立说、传道讲经之地,有"天下第一福地""洞天之冠"的美誉。楼观台是中国天下道观的玄都,古迹群落,从东往西分布有:楼观台、西楼观、宗圣宫和大秦寺塔四大系列。

◎楼观台

最早的楼观，是周朝函谷关的关尹确立的。"据道藏和碑文记载：西周尹喜在神就乡闻仙里研究天文星象学，草创楼观。周康王拜尹喜为大夫。周昭王二十三年，尹喜见紫气东来，到函谷关迎接老子到楼观台，拜老子为师。"（王安泉《周至风华》）《史记·老子传》记载："老子修道德，其学以自隐无名为务。居周久之，见周之衰，乃遂去。至关，关令尹喜曰：'子将隐矣，强为我著书。'于是老子乃著书上下篇，言道德之意五千余言而去，莫知所然。"《庄子·天下篇》曰："以本为精，以物为粗，以有积为不足，淡然独与神明居，古之道术有在于是者。关尹、老聃闻其风而悦之……关尹、老聃乎！古之博大真人哉。"

◎洞天福地

◎玄妙胜境

从《史记》"至关，关令尹喜"可知，尹喜的身份是"关令"（交通部长）。据道藏和碑文记载，尹喜的身份是国家天文台长，"在神就乡闻仙里研究天文星象学"。为观天文奥秘，"关令"尹喜"草创楼观"。中国第一个楼观，由尹喜创建，相当于国家天文台的重点实验室。国家天文台长、交通部长，并且身为周大夫——如此高干，如此高级别，才有楼观啊！在《庄子·天下篇》中，关尹、老聃相提并论，同为"古之博大真人"。《史记》《列仙传》具体言述了关尹、老聃的关系与差异：①论政治社会地位，关尹"高于"老聃。关尹为周大夫、国家天文台长、交通部长,有权力,有经费。老聃为"守藏史",国家图书馆长而已。②论修道方法,关尹是结楼望气观星,老子为"自隐无名为务"。关尹的研究方法,是结楼望气观星,是楼观和外观;老子"自隐无名为务"的研究方法,就是道观和内观!③论两人的授受关系与相识过程,关尹是亦徒亦友,老子是亦师亦友。《论语》言:"同学为朋,同志为友。"关尹、老聃是真诚的同志与朋友。关尹是周大夫,恳请老聃"著书",伟大的《道德经》就出现了。比较言之,关尹"结楼",是楼的主人;老聃寓楼,是楼的客人。关尹的"结楼"之观,是望气观星,是外观;老聃的寓楼之观,是自隐修德,是内观。就历史与文明的意义看,老聃早已反客为主,成为楼观与道的主人与化身,关尹则成了陪衬性的历史人物。陕西周至县楼观台,碑石庭院,随处是老聃的踪影与气息。对比之下,当年身为国家天文台长、交通部长的周大夫关尹,在秦岭终南山反倒是"自隐无名"了。

现代"郭店楚简"《道德经》的出土与出版,堪称《道德经》版本史上的辉煌一页!"郭店楚简"的出土与出版,确证了至少在战国时代,人

◎楼观台百竹园

们已经开始研究《道德经》。至少在战国时代，《道德经》与老子就以一种深沉奇特的方式，塑制华夏中国的文明与历史了。《道德经》第一章绽露出了他的寓道之观：

道，可道，非常道；名，可名，非常名。无名，天地之始；有名，万物之母。故常无欲，以观其妙；常有欲，以观其徼。此两者，同出而异名，同谓之玄。玄之又玄，众妙之门。

在第一章中，老子就给我们传授了两种"观法"："无欲之观"与"有欲之观"，前者可得"妙"，后者可得"徼"。请不要误解，更不要贬损"得徼之观"：其一，没有这种"观"，便没有物质的文明世界与文明的物质世界；其二，这一"观"（"得徼"）与那一"观"（"得妙"）"同出而异名，同谓之玄"，可以互动转换，也够深（"玄"）的！保持两种观的比例、平衡与转换，具有重要的历史意义。凭借这两种"观"的比例平衡，寓楼而观的老子既观到了"天地之始"亦观到了"万物之母"。还有比之更伟大深沉的"观"吗？"天地之始"，简单看即指"天地的开始"——意味着"天地有开始"。同样的意思，第四章如是说："道冲，而用之或不盈。渊兮，似万物之宗。挫其锐，解其纷，和其光，同其尘。湛兮，似或存。吾不知谁之子，象帝之先。""象帝之先"与"万物之宗"都在讲同一个意思："天地之始。"这是老子的基本发现，也是老子的伟大发现。作为基本发现，《道德经》一书到处弥漫，随处可见：

谷神不死，是谓玄牝。玄牝之门，是谓天地之根。

执古之道，以御今之有。能知古始，是谓道纪。

万物并作，吾以观其复。夫物芸芸，各归其根。有物混成，先天地生。

可以为天下母。吾不知其名，字之曰"道"，强为之名曰"大"。

天下之物生于有，有生于无。

◎玄都坛遗址

几乎有十章,老子向自己的朋友关尹,同时也是向自己的民族与人类,报告自己的基本发现与伟大发现:"天地有始""万物有母""天下万物生于有,有生于无。"与老子同时期的希腊哲人们,同被雅斯贝尔斯称之为"轴心文明"的柏拉图、亚利士多德,都没有这种基本发现与伟大发现。自从泰利士声言"万物源于水"以后,希腊哲人有言"万物源于数"的"源于火"和"源于原子"的，但基本上处于逻辑的建构与推论。泰利士以外观为主，基本上是天文学家。在希腊乃至欧洲哲学思想史上，似乎没有关尹与老子式互相协作完成体道的人文楼观。或者说，这样的方式在希腊思想史上是残缺的，因为苏格拉底在神庙抽到的签就是："认识你自己。"①

同样的道理，《道德经》写道："吾言甚易知，甚易行。天下莫能知，莫能行。言有宗，事有君。夫唯无知，是以不我知。""不我知"就是我们不认识自己——自我的那个"我"《庄子》说得更直接："今者吾丧我。"佛教《维摩诘经》则是"我病了"。关尹楼观更多是对天相世界的"观"，老子道观首先是对自我生死的"观"。"道"就是寻找自我的"路"，是自我找到的"家"。道家以道为精神乐园，道教以道为灵魂归宿。两者均源自老子的楼观与道观。就关尹而言，身为周大夫，"结楼之观"是为观世道天相，尚属政治家的"业余科研"；就老子而言，既为守藏史，"寓楼之观"是因为朋友的恳请盛劝，应属哲学家的"遗兴晚唱"。道教就不同，道教既不是政治家关尹式"业余科研"的楼观，也不仅是哲学家老聃式"遗兴晚唱"的道观，而是终生职业、毕生事业。道教将楼观作为自己的"家"，将道观作为辉煌的玄都，玄都是道教的精神首都，是楼观的灵魂，道观的终极关怀和神圣事业。它的世间居所和象征，就是楼观台。正是这种玄都观，使道教抵达文明的终极世界，使天文性的楼观成为人文性的道观，使历史上的道观成为道的玄都世界。玄都观，诚然开花结果于道教，思想渊源仍然是《道德经》："道，可道，非常道……此两者，同出而异名，同谓之玄。玄之又玄，众妙之门。"从道观迈向玄都观，也就一步之遥。

近年杨辽先生和终南樵夫，都对终南山玄都坛进行了研究。他们提供的重要消息有三个：其一，终南山玄都坛是汉武帝（杨辽认为）或汉文帝

---

①认识自我困难的其中一个直观原因是：人的眼睛看不到自己。现代认知心理学的研究表明：大脑信息大约百分之八十来源于视觉。道教看不见的"楼观意识"远远弱于市场上看得见的"楼房意欲"，也就不难理解了。

（终南樵夫认为）修建的，已愈两千年时间。其二，终南山玄都坛与天师道（杨辽认为）、天文学（终南樵夫认为）有关。其三，终南山玄都坛修建在子午谷，与王莽的地理地形学有关，并且"与现代天文学上的子午线的平行达到了惊人的准确度"。从杜甫的《玄都坛歌寄元逸人》看，汉代玄都坛在南北朝，隋唐时已不存在，杜甫称其为"太古玄都坛"。其实，它也只是汉代的玄都坛。在道教内部，玄都坛属于天师道建筑，与天文学有关。唐代道教以金仙道为主流，对玄都坛兴趣不大。天师道玄都坛与天文学有关，汉武帝出于太乙（太一）信仰，天师道又叫正一道，其历史渊源即尹喜的"草创楼观"。金仙道全真教以人文学为鹄的，其渊源即老子"修德观道"。当年尹喜向老子的问道，已经表明两种方法论——"楼观"（尹喜天文方向）和"道观"（老子人文方向）的不同了。历史也表明，官方投资的国家天文台玄都坛也已销声匿迹，变成乱石十斤，个人虔诚"修德观道"的楼观，在成为道观之后，乃是事实上真正的玄都观，尽管它的名称仍然叫作楼观台。

是啊，玄都观乃是楼观台的本体世界。如果其精神上不是玄都世界的话，我们与其朝拜秦岭山间的玄都楼观台，看海市蜃楼，不如去看现代城市的楼观台，看股市高楼。两者比较，去股市楼海中的"三楼"——楼房、楼盘、楼市看看，也许更能见识一下这个世界。

云台·金台·天台山

云台山，是中国比较常见的山名。著名者有：河南省修武县的云台山、四川省广元市的云台山、江苏省连云港市的云台山、贵州省施秉县的云台山、山东省莱芜市的云台山、广西壮族自治区凌云县的云台山。其实，陕西秦岭也有云台山，更有著名的华山云台观。

秦岭蓝田县有云台山。蓝田云台山，当地人称月牙山，位于蓝田县焦岱镇。从汉唐至清末，一直是帝王光临、百姓钟爱的游览圣地，是佛、道、儒布道的名山，海拔2224米。站在云台山顶，风和日丽，晴空万里，碧蓝的天空，洁净明澈；远处的山峦延绵不断，西边的太兴山隐约可见，南边的岱峪和西边的汤峪清晰可见，北边的焦岱镇、小寨乡依稀可辨。就目前的现实开发看，蓝田云台山名气很小。在文化积淀上，蓝田云台山所在地岱峪，和东岳泰山同姓公尊。云台山下的焦岱镇，经史念海先生等人的考察，已经认定这里是汉武帝修建黄帝鼎湖延寿宫的地方。《史记》记载，黄帝得宝鼎，跨龙飞升云空。道教《云笈七签》，影响最大的宝贵经典即《黄帝九鼎神丹诀》。果如此，蓝田云台山名气虽小，却是最有资格称作云台山的大名者。蓝田云台山之外，西岳华山有著名的云台观。

©蓝田云台山

华山云台观，是道教的著名宫观。华山云台观有两个，一个在华山峪口，一个在华山北峰。华山峪口的云台观，古称"明堂"，是古代天子巡狩之地。后周武帝时，道士焦道广居华山北峰辟粒餐霞，武帝诣山庭卧轩问道，因于峪口置建此观，宋初著名道士陈抟曾隐居观内。宋仁宗至和元年(1054年)建集真殿，元代毁于火灾，明代屡修屡毁，清康熙十九年(1680年)顾炎武、王弘撰等人于观西建朱子祠，兴教办学，名为云台书院。观内原主要道教建筑有三清殿、玉皇殿、西岳殿、无量殿，今皆不存。观外尚保留有"一柏一石一面井"的名胜古迹。

孟郊的《游华山云台观》：

华岳独灵异，草木恒新鲜。
山尽五色石，水无一色泉。
仙酒不醉人，仙芝皆延年。
夜闻明星馆，时韵女萝弦。
敬兹不能寐，焚柏吟道篇。

钱起也作有《寻华山云台观道士》，孟郊和钱起诗中的云台观，便是华山峪口的云台观，是方便皇帝、扩大交往的道教宫观。具体说，是道士焦道广为方便后周武帝修建的。华山北峰就叫云台峰，云台观就在此。华山北峰海拔1614.9米，为华山五峰之一。北峰四面悬绝，上冠景云，下通地脉，巍然独秀，有若云台，因此叫作云台峰。绝顶处有平台，原建有倚云亭，现留有遗址，是南望华山三峰和苍龙岭的好地方。

华山云台峰，景观颇多，影响颇大，如：真武殿、焦公石室、长春石室、玉女窗、仙油贡、神土崖、倚云亭、老君挂犁处、铁牛台、白云仙境

◎华山云台观

石牌坊等。李白的《西岳云台歌送丹丘子》诗写道:"三峰却立如欲摧,翠崖丹谷高掌开。白帝金精运元气,石作莲花云作台。"李白诗中的云台观,是华山北峰的云台观。诗仙李白的浪漫,首先来自于登山的高度。

《仙苑编珠》卷下引《楼观传》曰:"茅山道士焦旷,字大度。周武钦仰,拜为帝师。于华阴造宫,岩间涌土,用足乃尽。……每有外人来谒,尝有青鸟二头来报。"元《西岳华山志》云:"云台峰,岳东北……周武帝时,有道士焦道广独居此峰,辟粒餐霞,常有三青鸟报未然之事。周武帝亲诣山庭,临轩问道,因而谷口置云台观。"其弟子王延亦曾居华山。《云笈七签》卷八十五云:"王延,字子玄,扶风始平人也。九岁从师,西魏大统三年丁巳(537年)入道,依贞懿先生陈君宝炽,时年十八,居于楼观。……又师华山真人焦旷,共止石室中,餐松饮泉,绝粒幽处。后周武帝钦其高道,遣使访之……延来至都下,久之,请还西岳,居云台观。"

五代宋初华山最著名的道士为陈抟。据《宋史·隐逸传》载,陈抟于后唐长兴(930—933年)中,举进士不第,遂不求禄仕,以山水为乐。先入武当山九室岩,"服气辟谷历二十余年。"后"移居华山云台观,又止

◎宝鸡金台观

少华石室。每寝处，多百余日不起"。从该传所云后周世宗以"显德三年（956年）命华州送至阙下"来看，陈抟至迟于此年已移居华山。而从该传称太平兴国九年（984年）复来朝，对宰相宋琪等说"抟居华山已四十余年"之语推断，其移居华山，似在后晋开运元年（944年）之前。至端拱二年（989年）逝世，居华山近50年。陈抟居华山近50年，常居之所即华山云台观。

古诗描述华山云台观的佳句是："势飞白云外，影倒黄河里。"如果说"云台"着眼于道观的地理特征和环境高度，那么，"金台"则来自于道士的修行高度和人文境界。很有趣，以"金台"命名的佛教寺院比道家道观多。金台寺，著名者有三个：广东省珠海金台寺，源自南宋末年国破家亡的民族悲剧和苦难记忆；湖北省潜江市金台寺，肇建自李唐王朝；广东新兴县金台寺，始建于唐代，因缘是六祖惠（慧）能。汉语千万佛学议论，仅仅六祖惠（慧）能《坛经》称经。与之相比，道教金台观似乎只有一个，即陕西省宝鸡的金台观。

金台观位于宝鸡市区北部的陵塬上，南距火车站500米，始建于元末明初，为明代辽东道人张三丰修道处。《明史》卷二九九《张三丰传》载："张三丰，辽东懿州人，名全一，一名君宝，三丰其号也。……太祖故闻其名，洪武二十四年（1391年）遣使觅之，不得。后居宝鸡之金台观。"金台观现存建筑分中院和东、西偏院三部分，主要建筑和道教古迹有玉皇阁、三清殿、吕祖殿、八卦亭、三丰洞、朝阳洞等。中华人民共和国成立后，人民政府曾多次拨款维修金台观古建筑，后又在观内建立了博物馆，展出大量西周时期的青铜器，使该观远近闻名。

张伯端的《悟真篇》云："学仙须是学天仙，惟有金丹最的端""金鼎欲留朱里汞，玉池先下水中银。"修行的道观能以金台观相称，主人的境界至少是"金丹天仙"。事实上，除了在宝鸡金台观修行，张三丰另一个主要修行处，即湖北武当山。著名电视剧《南拳北腿》主题曲："南拳和北腿，少林武当功。"道观是金台观，武当少林功夫，名扬天下；明朝皇帝特封"通微显化真人""清虚元妙真君"，名不虚传！除了天赋卓越外，张三丰修行选择西秦岭也非常重要，特别是金台观的对面，就是天台山。

全国也有很多处天台山：山东省日照市天台山、四川省邛崃市天台山、浙江省台州市天台山、河南省信阳市天台山和贵州省平坝县天台山。陕西省秦岭南北的汉中和宝鸡市都有天台山，这里仅说宝鸡天台山。

宝鸡天台山位于宝鸡市南部，秦岭山脉北麓，为1994年国务院第三批公布的全国重点风景名胜区。天台山优美的自然景观，展现了秦岭山脉雄伟博大的气魄，可谓"平畴突起三千尺""气压昆仑天柱矮"；浓缩秦岭山脉风光于一处，具有峻峰、幽谷、翠绿、碧水四大风景特色。天台山林海茫茫，群峰巨石隐于苍松翠柏之中，组成一幅幅色彩斑斓的自然画面。天台山水量丰富，河、湖（水库）、溪、瀑、潭、泉俱全，山环水绕，纵横交错，水质洁净，碧波荡漾。天台山的人文景观，具有两个基本特征：①历史悠久：传说天台山为炎帝神农采药遇难之处，炎帝遗迹甚多，故世有"天台天下古，天台古天下"之美誉。②以道教文化著称于世，为道家"祖庭""玄都"之地。天台山以其神秘幽美的自然环境，吸引历代著名道教人物隐居养性、修炼传道，千余年来香火不断，祀神盛行，形成了颇具文化特色的道教文化。

©暮色金台观

天台山自古以来为"圣人践地",主要名胜古迹有神农祠、烧香台、伯阳山、炎帝骨台寝殿、老君殿、玄女洞等10处,现多处已被修复。天台山有独特丰富的自然景观和人文景观,区内群峰竞秀,植被繁茂,景色幽美,气候宜人,森林植物种类丰富,自然风光秀丽。宝鸡天台山有两个特点是国内其他天台山所不具备的:其一,它最靠近中国上古神性地理圣地昆仑山,是黄帝崆峒山问道之地。其二,它是神农炎帝牺牲之地。"牺牲"是一种道德姿态;是一种伦理境域;是一种伟大情怀,既是菩萨精神,也是仙道基础,更是天台山的灵魂。

◎少华山

溶洞·岩洞·龙门洞

溶洞的形成是石灰岩地区地下水长期溶蚀的结果。柞水溶洞，距西安市79千米，位于秦岭南麓的柞水县石瓮镇。1990年被省政府授予"陕西省风景名胜区"，被誉为"北国奇观""中国名洞"，堪称西北一绝。这里风景独特，奇峰峻岭，处处有景，鲜花异草，争艳芳香，自然环境灵秀典雅，景点多而集中，既有可与"瑶林仙境"媲美的喀斯特溶洞群，又有山清水秀之风姿，是陕西省一处以溶洞和自然景观为主的旅游区。

天佛洞是柞水溶洞群中的佼佼者，由天洞和佛爷洞连接而成。天洞坐落在柞水溶洞景区的中心，位于海拔805米的呼应山腰，这里阳光充足，空气清新，环境幽静，是游人陶冶情操、旅游度假的理想天堂。洞内形态各异的钟乳石琳琅满目，绚丽多姿，石笋、石幔、石帷幕、石瀑布美不胜收；石禽、石兽、石佛、石人惟妙惟肖！佛爷洞，洞口面向西北，海拔797米。1918年前，洞内庭堂有两尊佛像，形神兼备，生动逼真。1919年当

◎溶洞奇观

地人将二佛移往百神洞。1998年在洞口置一尊3米高的铜佛像,游人由铜佛袖口出洞,颇有妙趣。迎宾厅诗曰:"方圆二百米,别开一洞天。不是武陵地,胜似桃花源。"

百神洞,位于天书山麓,古称玉皇宫。清代乾隆以前洞内置玉皇、八腊、龙王等100多尊神像,故名。光绪十三年(1887年),镇安知县(时属镇安管辖)李天柱主持改建为玉皇宫,在洞口增修寺庙3间、僧寮3间(均毁于"文化大革命"时期),设住持1人、僧3名,从事佛教诵经、斋戒活动,新中国成立后废之。此洞底层有地下暗河,相传民国初年,有人将一背篓麦糠倒入暗河,七八天后,在乾佑河入汉江口的山洞中麦糠随水流出。该洞幽深莫测,主要景点有:百神厅、二龙戏珠、太白池、大圣井、听涛台等。风洞,在石瓮子北1千米处的山腰上,相传洞内有一小洞劲风不止,故名。此洞深约15千米,洞道迂回曲折。有可容纳千人以上的大厅5个,规模宏大、离奇壮观,主要景点有:壁画厅、黑龙潭、黄龙潭、过风楼、蝙蝠堂、陈杨二道士栖身处等。陈杨二道士栖身处诗曰:"功名利禄抛一边,力仗正义斥贪官。囹圄难囚英雄志,只留骸骨启后贤。"柞水溶洞是天然的洞天福地,也是岩洞的主要形态。在西岳华山,最著名的便是郝大通苦凿岩洞修行的故事了。

◎全真龙门洞

郝大通当年投拜在全真教祖师王重阳门下修道，后来王重阳羽化登仙了，他和其他六个师兄师弟就各走一方，云游而去。郝大通四处云游，到了河北赵州，每日在桥下闭目静坐养性。一日，王重阳化作童子现身点化他，要他到华山凿洞修道，方可成正果。郝大通遵师嘱到了华山，在北斗坪上开凿三年，凿出紫薇洞准备在此修行。在凿洞过程中，他收了两个徒弟，一名梅良，一名竹青。他俩跟郝大通开山凿洞，很卖力，郝大通对他们也很好。可谁知紫薇洞刚凿好，就来了一位老道人，恳求说："您老的洞打得真好，我不会打，就让给我吧。"郝大通听了，毫不犹豫地就把洞让给了老道。几十年里，郝大通和两位弟子就这样让给道友的山洞，大概有70个。两个徒弟本来一心想修道成仙，可谁知碰着一个这样的师父，只知打洞送人，没传一点道给他们。最后一次，两个徒弟割断绳子，将师父郝大通摔下山去。两个徒弟急忙下山，刚走到千尺幢一个大石头旁，看见师父迎面飘然走来。两个徒弟顿时明白师父是得道成仙之人，心中后悔不已。郝大通见二徒有悔过之心，重新收下他们。那块石头后来就被叫作"回心石"。这一日郝大通领着两个徒弟回到南天门，又在那峭壁上凿起洞来。一天，当他们继续凿那个还未完成的半截洞时，梅、竹二徒看见有人走过来，就对师父说："有人来了！"郝大通一听，扭身往洞内一坐，就瞑目坐化登仙了。

西岳华山有十大奇迹和奥秘，长空栈道位居首位。长空栈道通向什么地方呢？它的尽头即郝大通修炼之洞。不要说，用40年时间修凿72洞的苦行，只要在长空栈道来回走上一年，那种极限的危险感也足以让我们成佛入道。郝大通在西岳华山修凿了72洞，有两个重要启示：其一，长空栈道即生死之道和生死极限，适应了，就离仙界不远了。其二，王重阳去世后，郝大通于岐山遇神人授以《周易》大义，更名大通，号广宁子，精通阴阳、律历、卜筮之术，后遂以大通道名行世。著作《三教入易论》等表明，郝大通是全真七子中对易学研究最深入者。易学是学问之奥，也是修行之障，对治的最好办法即苦行。这就是为何王重阳化作童子现身点化他，要他到华山凿洞修道，方可成正果。几乎与郝大通在西岳华山凿洞修炼的同时，其师弟丘处机也在龙门洞苦练身心。

丘处机(1148—1227年),字通密,号长春子,栖霞县滨都里人,与马丹阳、谭处端、王玉阳、刘处玄、郝大通、孙不二同称"北七真"。19岁时,丘处机独自去昆仑山烟霞洞修行。翌年9月,闻陕西终南山道士王重阳至宁海州传道,遂下山拜其为师,成为王重阳弟子。他以虔诚、机敏和勤勉好学,深得王重阳器重。金大定九年(1169年),王重阳携弟子四人西游,途中病逝于汴梁城,弥留之际嘱咐说:"处机所学,一任丹阳。"自此,丘处机在马丹阳教诲下,知识和道业迅速长进。金大定十四年(1174年)八月,丘处机隐居磻溪(今陕西省宝鸡市西南)潜修7年,又迁陇州龙门山潜修6年。其间,他"烟火俱无,箪瓢不置""破衲重披,寒空独坐",极为清苦。在龙门洞,丘处机修道获得最终成功。告别龙门洞,丘处机走向广阔世界。

龙门洞位于陇县西北陕甘交界处的景福山麓。是省级对外开放道观、重点文物保护单位和森林公园。始于春秋,建于西汉,盛于金元,是道教龙门派圣地。龙门洞以"奇、险、幽、古"为特色,有"第二华山"之称。丘处机在此栖居7年,创建了道教"龙门派",后世将其特有的自然山水和人文历史巧妙融合,形成了别具一格的自然人文景观,是陕甘宁地区久负盛名的道教名山和旅游胜地。

龙门洞所在的山体,是典型的喀斯特地貌,山上林木葱茏,奇峰景秀,溶洞密布。谷中溪水奔涌,跌流激荡,潭寒水深。洞中有潭,潭中有洞,洞洞设仙,潭潭传龙。殿阁楼台依山傍水,借势成景,画栋于峭壁之上,飞檐自溶洞迭出,栈道凌空,云梯垂悬,鬼斧神工。加之摩崖壁画、磬声鸟鸣和故事传说的点缀,使风水宝地平添几分玄妙和灵气。1992年被省林业厅批准成立省级森林

◎道通龙门洞

公园，1994年，龙门洞被陕西省人民政府列为第一批对外开放旅游点，近年来，游客剧增，盛况空前。

金明昌二年（1191年）秋，丘处机回归故里修建滨都宫(赐号太虚观)作为传道之所。金泰和六年（1206年），他重返宁海，改马丹阳故居为玄都观。1219年冬，元太祖成吉思汗派近臣刘仲禄持诏书相邀，丘处机说："我循天理而行，天使行处无敢违。"遂带弟子18人前往。历时3年，行程万里，74岁高龄的丘处机终会成吉思汗于雪山。每每进言："要长生，须清心寡欲；要一统天下，须敬天爱民。"此讲深得成吉思汗赞赏，口封"神仙"。在

◎龙门洞太白殿

◎龙门洞栈道

丘处机的影响下成吉思汗曾令"止杀"。元太祖十九年（1224年），丘处机回到燕京，奉旨掌管天下道教，住天长观(今白云观)。同年，丘处机曾持旨释放沦为奴隶的3万余汉人和女真人，并通过入全真教即可免除差役的方式，解救了大批汉族学者。自此，全真教盛极一时，丘处机的声誉亦登峰造极。寺庙改道观、佛教徒更道教者不计其数。元太祖二十二年（1227年），丘处机病逝于天长观，终年80岁。元世祖时，追封其为"长春演道主教真人"。由于在龙门洞的成功修炼，丘处机开创的龙门派成为影响最大的道教流派，丘处机也成为宋元以来影响中国社会历史最深远的全真道祖。诗人北岛有一本诗集，名叫《峭壁上的窗户》，秦岭北麓龙门洞，就是丘处机瞭望世界、步入辉煌的峭壁上的窗户。

太白·太华·太乙道

华山也叫太华山,其山势峻峭,壁立千仞,群峰挺秀,以险峻称雄于世,自古就有"华山天下险,奇险天下山"的说法。《山海经》记载:"太华之山,削成而四方,其高五千仞,其广十里,鸟兽莫居。"据《史记》记载,黄帝、虞舜都曾到华山巡狩,华山为西岳圣山。《水经注》卷十九《渭水下》记载:"韩子曰:秦昭王令工施钩梯,上华山,以节柏之

◎ 华山日出

心为博箭，长八尺，棋长八寸，而勒之曰，昭王尝与天神博于是。"这是华山神性地理至为重要，也许是最重要的文献记载：其一，黄帝、虞舜的巡狩也罢，秦皇、汉武的祭祀也好，皆是华山脚下的国家礼制。秦昭王却是"令工施钩梯，上华山"，是古今登上华山的第一人，也是唯一一位登上华山的帝王。秦昭王不仅登上了华山，且与天神搏击于华山。其二，秦昭王与天神搏击于华山，是一种什么样的搏击规则呢？答曰：若天神赢，秦昭王必须交付生命，至少成为瘸腿的失败者。若昭王赢，则天神必须襄助秦国获得天下。秦昭王之后五年，重孙嬴政登基，统一中国。其先人首先在天神那边赢得了胜利！《史记》记载，秦穆公梦中相遇神仙，确立了秦的强国地位。秦昭王与天神搏击于华山，如同雅各伯与天神搏击于波克河，都以人的胜利蒙恩告终。其三，为了登上华山，"秦昭王令工施钩梯，上华山，以节柏之心为博箭"。秦昭王既是"自古华山一条路"的最早修建者，也是最早攀登者。"施钩梯"，即攀登华山的"天梯"。秦昭王不仅修筑天梯，并见到天神。与之相比，秦始皇自谓"功高三皇、德兼五帝"，动辄派500名童男童女于东海寻找海市蜃楼，但面对咫尺西岳，却仅于山下修祠，连攀登都不敢。与先人比，天壤之别！

  华山南峰是华山最高峰。长空栈道是华山的险中之险，长空栈道位于华山极顶南峰东侧南天门外，是元代华山派全真道宗师贺志真的修行之道。为远离尘世静修成仙，贺志真在万仞绝壁上镶嵌石钉，搭建木椽，经燕子叼表台、朝元洞，踩崖隙凌空悬梯下10余米，沿附悬崖而搭宽不盈尺的方木栈道至全真岩下。长空栈道全长100余米，游人须面壁贴腹，蹑足缘索以行，面临万丈深渊，勇者如履长空，心旷神怡，怯者胆战心惊，屏气挪步。由于长空栈道贴崖悬空，对探险猎奇者极具诱惑性和挑战性，且栈道尽头有道教神龛贺老石室、华山十大奥秘之首——"全真岩"及华山卧龙松等胜景，古往今来，历险者络绎不绝。长空栈道分三段，出南天门石坊至朝元洞西，路依崖凿出，长20米，宽二尺许，是为上段。然后折而向下，崖隙横贯铁棍，形如凌空悬梯，游人须挽索逐级而下，称之"鸡下架"，是为中段。从"鸡下架"西折为下段，筑路者在峭壁上凿出石孔，楔进石桩，石桩之间架木椽三根，游人至此，面壁贴腹，脚踏木椽横向移

◎长空栈道

动前行。长空栈道是华山的骄阳,是道教的骄子,是华夏河山的骄傲。

唐代王维的《终南山》诗云:"太乙近天都,连山接海隅。"终南山也叫太乙山。终南山峻拔秀丽,如锦绣画屏耸立在西安市之西南。翠华山距西安市30千米,以奇峰异洞、清池古庙著称。因西汉元封二年(前109年)曾于山口(大峪口)建太乙宫,故又称太乙山。

《史记·封禅书》写道:"亳人谬忌奏祠太一方,曰:'天神贵者太一,太一佐曰五帝。古者天子以春秋祭太一东南郊,用太牢,七日,为坛开八通之鬼道。'于是天子令太祝立其祠长安东南郊,常奉祠如忌方。其后人有上书,言'古者天子三年一用太牢祠神三一:天一、地一、太一。'天子许之,令太祝领祠之于忌太一坛上,如其方。"

太乙池为山间湖泊,传为唐天宝年间地震造成,四周高峰环列,池面碧波荡漾,山光水影,风景十分优美,如泛舟湖上,可穿行于峰巅之间,尽情地享受着大自然的情趣。太乙池之西的风洞,高15米,深40米,由两大花岗岩夹峙而成,洞内清风习习,凉气飕飕,故称风洞。风洞之北的冰洞,虽盛夏亦有坚冰,寒气逼人。"终南山"的正名和盛名,对于《诗

◎太乙神水

◎太乙晨雾

经》南山的命名胜出的缘由是:"南山"只有地理方位和自然地望,"终南山"不仅有地理方位和自然地望,还有终极关怀和希望。这种终极关怀和希望,即太乙山的精神信仰。

终南山有广、中、狭三个层面的蕴涵概念。广义终南山,即陕西境内的秦岭山脉。《读史方舆纪要》云:"终南山,脉起昆仑,尾衔嵩岳,钟灵毓秀,宏丽瑰奇,作都邑之南屏,为雍梁之巨障。"中义终南山,即今日西安市境内的秦岭山脉,西起周至楼观台,东至陕西蓝田境,千峰叠翠,景色幽美,素有"仙都""洞天之冠"和"天下第一福地"的美称。古人云:"关中河山百二,以终南为最胜;终南千里耸翠,以楼观为最佳。"狭义终南山,特指"太乙"终南山,或者楼观终南山。"太乙"终南山,来自于汉武帝曾于山口(今日长安大峪口)建太乙宫,是政治地理的皇都地标。楼观终南山,来自于春秋老子于山坡(今日周至楼观台)撰著的《道德经》,是宗教地理的玄都地标。与终南山广、中、狭三义相应,太乙道也有广、中、狭三义。狭义太乙道,指金元时期出现的道教教派。中义太乙道,即在"太乙"终南山的修道团体。广义太乙道,即指道教:"太乙山"为太乙道,太华山和太白山也是太乙道;秦岭终南山是太乙道,中国道教名山皆是太乙道!

太乙、太一、泰一、泰乙皆来自于《道德经》,特别是老子"道生于一"的"太乙"歌唱:"昔之得一者,天得一以清,地得一以宁,神得一以灵,谷得一以盈,万物得一以生,侯王得一以为天下贞。""道生一,一

生二,二生三,三生万物。"现代考古发掘的"郭店楚墓竹简"既有《老子》甲乙丙,还有"太乙藏于水"的伟大言说。太乙终南山的北面是汉代太乙宫,它的南面是柞水溶洞;现在是与秦岭终南山隧道相连。《周易参同契》指出:"一者已掩蔽,世人莫知之。""太乙藏于水",藏了两千多年!太乙道藏终南山,藏得多么深沉!

太白山是一座宗教名山。山上有按道教神仙谱系建立起来的庙宇建筑群,即所谓"五里一庙,十里一寺",如太白庙、文公庙、南天门、药王殿、老君庙、拔仙台、玉皇庙等。太白庙祠祀太白山主神三太白,三太白有不同说法。民国时于右任先生的考证结果是尧、舜、禹,因为太白山庙会参拜的是:天官尧帝、地官舜帝、水官禹帝,拔仙台西边的三官殿,即三帝殿宇。但据陕西省道教协会主席任法融讲及民间传说,大太白是伯夷,二太白是叔齐,三太白是诗仙李白。每位太白神都是美丽的传说,人们总是把气节高尚的人封为管天、管地、管水、管物之神,以便倾吐他们心中的秘密。

药王神山——采药人称太白山为药王神山。据说药王孙思邈曾与三太白理论太白山属谁,三位太白神讲,大爷海底藏有镇山宝钱,此山应属他们。药王取下发簪,往空中抛去,对三位太白神讲,你看太白山顶上遍布银针,此山应是药山。银针便是现今的"太白茶"。从此以后,采药人上太白山,不拜三太白,只拜孙思邈。唐代之后,太白山的主神,看来既不是太白金星,也不是三位太白神,而是药王孙思邈。在很大程度上,太白

©道藏太白

山就是一座药王神山!

太白山有药王殿、药王坪、药王庙,药王庙坐落在林中的一处空地上,屋内供奉有药王孙思邈的神像。药王庙地处3000多米的高海拔山区,周边气候湿润,植被深厚,常年雾气缭绕,湿度大,适应野生药材生长。药王庙是今日太白山南坡的一个接待站,药王庙离南天门不远,但这里地势平坦,四周都是红杉林,并且有水源,非常适合宿营。

药王坪在太白山北麓的碓窝坪,是孙思邈当年隐居修炼之处。碓窝坪在山谷中部,地处两个山谷的交会处,地势开阔,气候温和,风光宜人。为什么说这里是孙氏隐居的地方呢?第一,这里有许多传说中的孙氏遗迹。在进山大约20千米处的绝壁上,有一段古代栈道,传说是孙氏进出山走过的,人称"药王栈道"。再向前行进1千米左右,道边有一块大石,传说是孙氏进出山休息的地方,人称"神仙石"。再向前走约2千米,就

◎太白雪景

◎太白庙

是碓窝坪。碓窝坪是由于这里有两个古代的石臼而得名的,因为当地人称石臼为碓窝。传说这个石臼而是孙氏捣药用过的,人称"药王碓窝"。在原放置石臼的北面,当初有两孔石砌窑洞,传说是孙氏隐居的住所。第二,这里自古是隐者与道士云集的地方。在汤峪口不远的地方,就是古代道教徒称为西楼观的楼观庵,传说老子在这里讲过他的《道德经》。在汤峪口有青牛洞,传说老子拴过青牛的地方,近几年曾出土过古代的石雕卧牛。进山以后,在数十千米的山谷中有许多洞,就是道教徒称为"三十六洞天",古代都有道士曾在此居住。其中最有名的有观音洞、鬼谷子洞,传说我国战国时代的思想家鬼谷子曾在这里隐居,鬼谷洞中常年有一缕香气飘动,近年曾在这里发现汉代陶碗。其次就是碓窝坪南的神仙洞,是一个可容百人的大溶洞,这里确实是一个适合隐居的地方。孙氏在《千金要方》中称他在三十八九岁时,每天要服五六两钟乳石。正好神仙洞就有很好的钟乳。(张厚墉)

拔仙绝顶,又名拔仙台,海拔3767.2米,雄踞于秦岭群峰之上,为太白山绝顶,相传殷周之战结束之后,姜子牙在此地封神。拔仙台四周尽是悬崖峭壁,南北气流翻越之时,足下白云飘浮,头顶霞光万道,夜间狂风怒吼,推门敲窗,雪飞云涌,使拔仙台景色更加神奇壮观;庙宇正殿供奉周武王,旁供三太白、姜子牙、护法力士、救命药王等,都是铁铸木雕。拔仙台为一个不规则三角形台锥,呈突兀的角峰状,台顶面向南缓倾,三面陡峭，南坡相对较缓，台面宽坦，西窄东宽，面积约8.4平方米，台面遍布花岗片麻岩裸石和冰蚀面，上面布满着历年朝圣者堆积的玛尼石堆。拔仙台是登顶太白山必来之处，在东面的最高处，有数间庙宇建筑，庙前有一处明清时期人工垒成的大型石围墙，围墙内隔出数间石房子，均无屋顶，有几处已经坍塌。穿过围墙，就是封神台、雷神殿道观建筑。站在拔仙绝顶，群山环绕，层峦叠嶂，峡谷深邃。近处山顶是典型的冰川地貌，遍布倒堆石，显得古朴荒凉，远处群山下森林郁郁葱葱，对照鲜明，风轻轻擦过耳边，东方的红日徐徐升起，映照整个山峦。

　　唐代《法苑珠林》记载："昔太乙来分山海。太行、王屋、白鹿，河水停此为川，号为西海。及巨灵大人秦洪海者，患水浩荡，以左手托太华，右足辐中条，太乙为之分裂，河通地出，山随高显。"太华山属于太乙山，东汉时太白山在武功县境，所以《五经要义》说："武功有太乙山，一名终南。"《汉书·地理志》也称："武功县太乙山，古文以为终南。"终南山、太华山和太白山皆是太乙山，皆是太乙道！太乙山、太乙道皆源于太乙，源于终南山《道德经》那个伟大的"一"："视之不见，名曰夷。听之不闻，名曰希。搏之不得，名曰微。此三者不可致诘，故混而为一。"如果不懂这个"一"，可问太华山的陈抟老祖。华山老祖名陈抟，字希夷，名字即太乙道。如果仍然有疑问，那么最好的办法，就是攀登另一个太乙山——太白山。李白的《登太白山》曰："西上太白峰，夕阳穷攀登。太白与我语，为我开天关。"既然李白的《登太白山》有"太白与我语"，如果登上拔仙台了，太白山也会为我们"开天关"——敞开太乙道那神秀掩映的门。

纯阳·丹阳·重阳宫

吕洞宾(798—? 年),唐代道士,后道教奉为神仙,是"八仙"中传闻最广的一位仙人。一说为唐朝宗室,姓李,武则天时屠杀唐室子孙,于是偕妻子隐居碧水丹山之间,改为吕姓。因常居岩石之下,故名岩。又常洞栖,故号洞宾。也有传说他是唐朝礼部侍郎吕渭之孙,因感仕途多蹇,转而学道。《宋史·陈抟传》记载吕岩为"关西逸人,有剑术,年百余岁。步履轻捷,顷刻数百里,数来抟斋中。"由此可见,传统所说的吕洞宾为京兆人,便有可能。《全唐诗》收有他的诗作二百多首。吕洞宾得道成仙之前,曾流落风尘,在长安酒肆中遇锺离权,"黄粱一梦",于是感悟,求其超度。经过锺离权生死财色十试,心无所动,于是得受金液大丹与灵宝毕法。后来又遇火龙真君,传以日月交拜之法。又受火龙真人天遁剑法,自称"一断贪嗔,二断爱欲,三断烦恼",并发誓尽度天下众生,方愿上升仙去。民间流传有吕洞宾三醉岳阳楼度铁拐李岳、飞剑斩黄龙等故

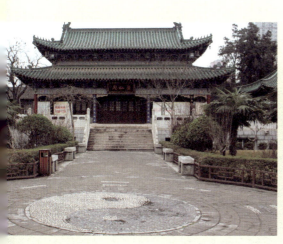 

◎重阳宫

事，吕仙形象深入民间，妇孺皆知。宋代封吕洞宾为"妙通真人"，元代封为"纯阳演政警化孚佑帝君"，后世又称"吕纯阳"。

还有一个叫刘海蟾的，也受锺离权点化，遁迹终南山下，后丹成尸解，有白气自顶门出，化鹤冲天。锺离权是师，吕洞宾、刘海蟾是徒，吕洞宾师徒修炼的一个中心即终南山。其一，《纯阳先生诗集》有陆西星序云："适吾师重怜遇(愚)鲁，枉驾北海草堂，星即以私衷启请，师太(大)许可，由是煮酒开轩，盘桓佳日，师以口授其巅末，星以手记其源流，由唐大中十年起，至南唐中兴止，凡一百八十余首，由宋太平兴国起，至南宋祥兴止，凡五十有余首，编次井然，名曰：《终南山人集》，星得之，如获至宝，巫欲梓行以正世本之误，师示日：'子姑藏之，世间刊本尚未可非也，汝必欲以吾自订者以正其讹，人必踵门拜访，扰我行藏，吾与子难久俱矣。'""陆西星假吕洞宾辞色编纂是集，不过欲正他本之讹，借吕祖指示以取信于人。"（马晓宏）其二，《灵宝毕法》序中写道："因于终南山石壁间获收《灵宝经》三十卷，上部《金诰书》，元始所著；中部《玉录》，元皇所述；下部《真源义》，太上所传。……玄机奥旨，难以尽形方册，灵宝妙理，可用入圣超凡。"其三，《锺吕传道集》的传人施肩吾，号华阳子，有《太白集》，都是与秦岭终南山有关的地理名词。其四，从《宋史·陈抟传》记载的"关西逸人"看，吕洞宾即便不是京兆人，也至少与终南山修道有

◎纯阳遇仙八仙庵

关。从《锺吕传道集》与《灵宝毕法》的文本内容看，诚然是继《道德经》之后，终南山出现的最伟大著作。终南山南坡北麓，到处都可以见到吕祖祠、纯阳观，也就自然得很。等到马丹阳、王重阳大演道风，吕纯阳才真正普照南山。

马丹阳（1123—1183年），宋金道士，道教全真道北七真之一，全真道遇仙派的创立者。初名从义，字宣甫，更名钰，字玄宝，号丹阳子，陕西扶风人，后迁往山东登州宁海县（今山东省牟平），擅针灸疗法。金贞元年间（1153—1155年）登进士第后，分配在一个县里管摄六曹（兵、刑、工、吏、户、礼）。大定年间（1161—1189年）遇重阳子王嘉授以道术，遂与妻孙不二同时出家，同拜王重阳为师，改名钰，号丹阳，后在莱阳游仙宫羽化。

宝鸡长寿山牛头观是马丹阳的修行之处，始建于隋唐，元、明、清屡经修葺。主要建筑有玉皇阁、东华阁、元帝殿、太极殿、韦殿、观音殿、镇江王殿、大佛殿、吕祖洞、丹阳洞、药王洞、月光洞、圣母宫、文昌祠、关帝庙、八卦亭、灵官楼、钟楼、鼓楼、戏楼等，廊房、客房、山门

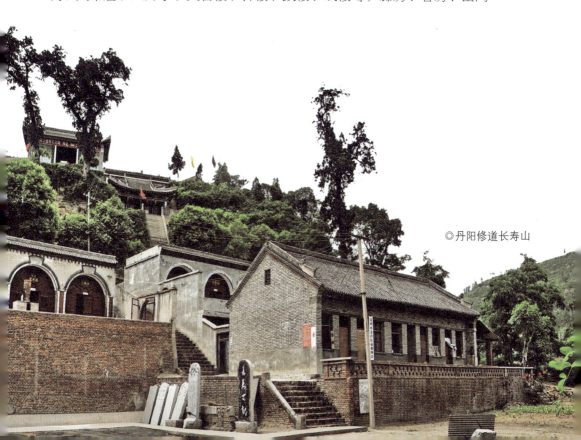

◎丹阳修道长寿山

◎重阳道风传七真

等70多间和五孔石洞。整个寺院分为三阶梯形台式建筑，山门雄伟壮观，中院崖间有石阶峭级数十台，拾级直上，有南天门，门额横书"第一洞天"四个字，气势磅礴。玉皇阁右崖间镌有"中条仙境"四字，岩下有玄武塑像一尊，神采奕奕，为元代雕塑艺术大师阿尼哥作品，十分珍贵，可惜已毁。道教在牛头寺活动的历史十分久远，元朝初年这里建起东华阁后，道教就以此为活动中心。

牛头观以道家建筑为主，兼有儒、释、道合一的建筑，寺庙殿宇亭阁隐立在高峻险要的山峰险崖之中，苍松翠柏，古槐郁郁葱葱，石阶陡直临空，殿宇亭阁精工细雕，飞檐走兽，生机勃勃。寺内大钟相传为马丹阳亲手所凿，声震渭滨姜水，潺潺泉流，终年不息。

王重阳仙逝之时，丹阳引众入关中，同乞自然钱数十千，复东行取祖师金骨负入终南埋葬。头梳三髻，居丧三年，默坐环堵。三髻者为三吉字，是重阳祖师名讳，尊而戴之之意。丹阳常自称"三髻山侗"。志如铁石，行若冰霜，纵横阐化十有三年，服不衣绢，手不拈钱，夜则露宿。人怜其寒冷，回答说："莫讶三冬不盖被，曾留一点在丹田。"曾经与丘处机、刘处玄、谭处端三人于金大定十四年（1174年）秋在秦渡真武庙月夜各言其志。丹阳说："斗贫。"谭说："斗是。"刘说："斗志。"丘说："斗闲。"这有点像孔子《论语》的"四子侍座"，并且要更为感人与忠诚。他们都来自山东外乡,在终南山下的秦渡真武庙,月夜相坐,是与其师王重阳的灵魂相伴!

吕纯阳为王重阳师,马丹阳为其徒,王重阳乃是宋元之后,把陕西"愣娃精神"带到"中国心"北京的关中英雄。王重阳(1112—1170年),原名中孚,字允卿,又名世雄,字德威,入道后改名喆,字知明,道号重阳子。出生于庶族地主家庭。幼好读书,后入府学,中进士,系京兆学籍。金天眷元年(1138年),应武略,中甲科,遂易名世雄。年四十七,深感"天遣文武之进两无成焉",愤然辞职,慨然入道,隐栖山林。金正隆四年(1159年),弃家外游,自称于甘河镇遇异人授以内炼真诀,悟道出家。金大定元年(1161年),在南时村挖穴墓,取名"活死人墓",又号"行菴",自居其中,潜心修持两年。金大定三年(1163年),功成丹圆,迁居刘蒋村。金大定七年(1167年),独自乞食,东出潼关,前往山东布教,建立全真道。其善于随机施教,尤长于以诗词歌曲劝诱士人,以神奇诡异惊世骇俗。在山东宁海等地宣讲教法。先后收马钰、孙不二、谭处端、刘处玄、丘处机、郝大通、王处一为弟子,遂后建立全真教团。十年携弟子马钰、谭处端、刘处玄、丘处机四人返归关中,卒于开封途中。葬于终南山下的刘蒋村故庵,即今日重阳宫。

重阳宫位于户县祖庵镇,为全真教祖庭。此地原名刘蒋村,因全真教祖师王重阳曾在此结庵修行,后又埋骨于此,全真教大兴于世后,此地遂

◎全真祖庭牌匾

改名曰"祖庵镇"。重阳宫在元代曾盛极一时，宫域东至涝峪河，南抵终南山，北临渭水，殿堂楼阁多达5000余间，住道士近万名。金承安二年（1197年），请额名灵虚观。金天兴年间（1232—1234年），遭兵燹。蒙古太宗八年（1236年），尹志平重新草创。十年（1238年），李志常奏请得旨改灵虚观为重阳宫，命于善庆等率徒大力营修扩建。从太宗十二年（1240年）起，经约10年，"雄宫杰观，星罗云布于三秦之分矣，其祖庭制度，为海内琳宫之冠"。

王重阳的修行之地，取名"活死人墓"，不是陕西"愣娃"之最吗？人活着，就在秦岭山下，给自己在南时村挖穴墓，也是出于终南山《道德经》"出生入死"的道中理！王重阳的"活死人墓"，是道的召唤，是德的崇高，是终南山的幸福和荣耀！由于这种重阳精神，山东海边的七真来三秦弘法，全真教成为宋元之后民族心灵的寄托和希望。全真教龙门派有三大祖庭：陇县龙门洞、户县重阳宫和北京白云观。龙门派三大祖庭，关中有其二，不就是终南山的幸福和荣耀吗？宋元之后，"中国心"在北京。作为全真教龙门派祖庭的北京白云观，既与陇县龙门洞、户县重阳宫血脉相连，也是秦岭终南山道气的深沉散发。把"中国心"北京和秦岭终南山紧密连在了一起，并非从我们开始——在南帝、北丐、东邪、西毒的天下高手中，金庸先生的《射雕英雄传》，就把中神通的王重阳列为第一英雄。

◎七真上仙图碑拓片

第九章

阿弥陀佛阿字观

阿弥陀佛,也意译为无量光佛或无量寿佛,为西方极乐世界的教主。他以观世音、大势至两大菩萨为协侍,在极乐净土实践教化、接引众生,就是我国佛教界最熟稔的如来。其中,"啊"(a)才是原本和正确的读音。理由如下:

①阿弥陀佛,包含有无量光、无量寿等众多意义,在汉语中实在找不到一个很贴切的词语来准确完整地对应翻译,因此就采用了音译的方法。它的梵语是"Amita-buddha",因之汉语发音为"啊"(a)。②当代净土宗、密宗大德黄念祖老居士在《净土资粮》中明确指出:阿弥陀佛的阿字的正确读法是汉语拼音字母中的"a"字。密教中说,从一个"阿"字出生一切陀罗尼。

净土宗供奉阿弥陀佛。秦岭终南山有许多阿弥陀寺,著名的净土宗寺院有香积寺、圣寿寺。香积寺建于公元706年,是净土宗二世祖善导法师的衣钵弟子怀恽为祭祖善导圆寂而修建的。善导是我国佛教净土宗的主要创始人之一,他生于公元613年,俗姓朱,泗州(今安徽北部)人。幼年从密州(今山东境内)明胜出家,在公元641年去并州石壁山玄中寺(今山西境内)拜访高僧道绰,归为门下,深谙《观无量寿经》奥义。公元645年,道绰和尚圆寂,善导又到唐都城长安,开始

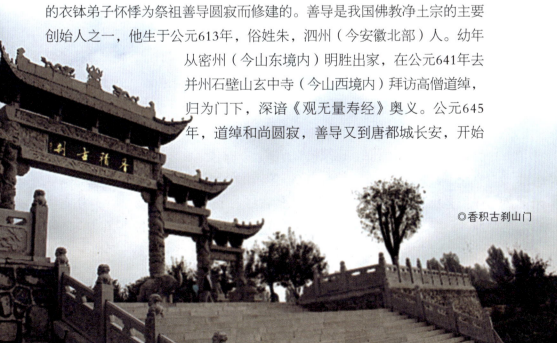

◎香积古刹山门

◎香积寺善导塔

时住终南山悟真寺,后经常在长安城中的光明寺广传教义。他于公元681年病故,终年69岁。其弟子怀恽等人遂将善导的遗骨安葬在长安终南山麓的神禾原上,并建立砖塔以示纪念,后来他的弟子在塔周围建立了香积寺。寺建成后成为净土宗的活动中心,因此香积寺被视为净土宗发源地。

阿弥陀佛的专门寺院,一般简称弥陀寺。弥陀寺一般位于山脚、台塬和村庄。秦岭南北有许多弥陀寺村,皆因建有弥陀寺而得名,汉中勉县有弥陀寺镇。秦岭北麓的宝鸡市渭滨区高家镇,有太寅弥陀寺。太寅弥陀寺,原名龙泉院,创建于战国时期,唐朝时期改为龙泉寺,清朝乾隆年间重修,更名为弥陀院。太寅弥陀寺,一度为陕甘川宁等地居士的朝拜地。抗日战争时期,寺院改为军政府第一俘虏所,定名为大同学园,关押着500多名日本战俘。2000年8月15日,值抗日战争胜利55周年之际,宝鸡市政府在此竖立大同学园旧址石碑,栽种了樱花。太寅弥陀寺不仅是佛教圣地,也是中日友谊的圣地。

秦岭终南山有弥陀古寺,位于南五台北坡台沟口土地祠南,是终南山国家森林公园南五台景区山下一座较大的寺院,距大顶圆光寺曲径约12.5千米,两侧青山环抱,山坡柏树青翠,寺西有一条清澈的小溪流过。当春深花落,一溪胭脂水,流香溢彩,飘香山外,其美不可言状。寺内有两株一搂多粗、树龄最古、植株最大的古红白玉兰,堪称一景。另外还有梧桐、桫椤、垂柳及各种鲜花,环境异常优美。天气晴和时,站在寺门向外远眺,河边村姑浣衣,田野农夫耕耘,一派田园风光,另是一番情趣。

1984年，长安县政协委员释德成发愿重修弥陀寺大殿，海内外宗教界人士及善男信女尽力赞助，1985年，五间大雄宝殿翻修完毕，立"南五台弥陀寺重修大殿赞助碑记"，1992年农历七月，又修建成僧舍禅房楼2层14间，并建成弥陀寺山门。

重修后的弥陀寺肃穆壮丽，五间大殿供奉阿弥陀佛、观世音菩萨和大势至菩萨。中殿三间，殿正中供奉毗卢佛，两边是文殊菩萨和普贤菩萨，后面是脚踏摩谛大鱼的观世音菩萨。寺院深处新建罗汉堂三间，罗汉堂中的佛塔、佛像布局巧妙，巧夺天工。罗汉堂中心的佛塔为基座1.5米过心、高达5米、6角5层的木雕佛塔（亦称天兰宝塔），上四层塔上每层填置石雕佛像和菩萨像6尊，共嵌置佛像24尊。四周堂壁上嵌着五百罗汉雕像，形象千姿百态，栩栩如生，堪称艺术珍品。曾有人说，任何人看完五百罗汉，其中必有同自己容貌相似的，此言道出了石雕艺术的功力。现今的弥陀寺，殿堂、禅房、僧舍齐全，佛像彩绘、幡幢幔垂、木鱼、铜磬陈列井然有序，是现今南五台较完整的佛寺之一，不仅是佛教徒及善男信女朝拜的圣地，而且是旅游不可多得之佳境。

弥陀寺有三株树，两株红白玉兰，一株桫椤树。两株红白玉兰高20多米，白玉兰清洁；红玉兰绚烂。它们树枝高大，繁花似锦，荫庇弥陀寺的大片房顶。桫椤树是近年从印度直接带来的。弥陀寺的门口，松柏挺拔，掩映寺门。松柏是冰河世纪的幸存者和强者。与热带的佛祖故国印度相比，松柏更能体现出浓郁的中国气息。弥陀寺的门额写着"弥陀古寺"，大殿供奉阿弥陀佛，左右侍从分

◎弥陀古寺

别为观世音菩萨和大势至菩萨，白玉兰是表征观世音菩萨的树，红玉兰是表征大势至菩萨的树，桫椤表征阿弥陀佛的坛场禅林。

终南山密严寺由藏密上师释本学创立，位于西安市区南30千米左右的终南山麓，是唐代黄龙祖师的道场，以前叫祖师庙。1955年，本学上师于陕西终南山从具有宁玛巴、噶举巴传承的龙肇、妙藏二位上师学法；学有九金刚法（红教最高武本尊忿怒普贤）、大悲胜海红观音、极尊宁提、大圆满灌顶、仰兑等；大手印的各种法本（如恒河大手印、朵哈藏、涅槃道等）；萨迦巴的《甚深内义根本颂》等。于陕西户县从噶举巴传承的广度上师学白度母（含气脉明点之修法，为度母亲传前几代噶玛巴）黑马头金刚法（噶玛巴独有）四臂观音（六字中各出本尊金刚之法，噶玛巴传）白臧巴拉、无量寿佛、二臂大黑天及特别降魔法之乐支巴拉法等；六成就等法。1956年，于终南山南五台从海灯法师得秽迹金刚法。

释本学上师为现代汉地红教大德，密名"贡嘎多杰"（雪山金刚），与常明长老等并称"终南山三大高僧"（现其他二老已圆寂）。上师青少年时在家即修订及皈依根造、密显上师，20岁时于深定中修莲师祈请颂而见性，遂出家，至上海常乐精舍系统学习藏密。后云游各地，参访了虚云老和尚、灵明上师、广度上师、龙肇上师等，学得各派秘要，于终南山苦修成就甚深。上师1988年出山，在1989—1992年期间开山重建寺院，取名密严寺。

上师亲自修建完这个茅棚后，便在此常驻静修、传法。经过上师及众弟子多年来的努力，密严寺已成为大圆满传承的汉地根本道场，引导越来越多的有缘人离苦得乐、走上觉悟之路。上师悲心广大，更于近年根据诸佛菩萨于定中的嘱托，结合一生实修的经验，将《观音圣迹集》《文殊大圣神行录》《秽迹金刚广论》等多部心血无私地公开流通。近年来，上师更感应了身出舍利之瑞，在古今成就者中堪称罕见。

1992年修建莲师殿时，取出了伏藏"阿字石""金刚石杵""石磬""石镜"四样法器，现在已经成为镇寺之宝。《空行教授》中记载，莲华生大士的明妃移喜磋嘉佛母授记了贡嘎多杰为取出伏藏者。按此推理密严寺在唐朝曾是一座寺院，移喜磋嘉佛母在此埋下伏藏。

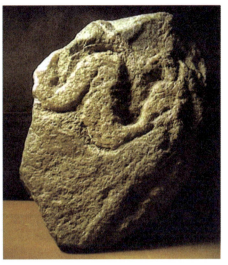

◎藏文"阿"字石[1]

就像净土宗的"阿弥陀佛"圣号一样,"阿字观"是藏密非常普遍的重要修法。净土宗"阿弥陀佛",重在念想;藏密"阿字观",重在观想。"阿弥陀佛",念想有了成就,会出现大家熟悉的西方极乐世界,即可往生净土佛国。藏密"阿字观"的成就之一是香巴拉天国。终南山密严寺的释本学上师,50年深修藏密"阿字观"等大法,经历传奇,成就卓异,内地罕见。1992年修建莲师殿时,释本学上师取出了伏藏"阿字石",更是"阿字观"修持登峰造极的灵迹,是终南山修道历史上耀眼的奇观。

---

[1]相片为作者2009年在终南山密严寺所照。本学上师于2013年涅槃。作者2013年夏天在北京密云寺院,意外看到本学所撰的《观音胜迹录》,感慨万千。

莲开五瓣虚云心

虚云法师是中国近代佛教的象征。虚云（1840—1959年），俗姓肖，名古岩，又名演初，字德清，自号虚云。世以虚云法师相称，虚云是大师在终南山修行期间的自号。光绪二十六年(1900年)，虚云从普陀山步行北上，到达北京时，恰遇义和团运动爆发，八国联军进攻北京，他随西太后、光绪皇帝逃亡队伍西行，出长城，赴陕西，途中结识了许多王公大臣。抵西安后，转赴终南山，结庐狮子岩下，改号虚云。下面的终南山修行内容均摘自《虚云年谱》，为虚云法师自述：

予起香到圭峰山秘魔岩、狮子窝龙洞等处。山水奇踪，说之不尽。予以拜香故，未能领略也。五月底至显通寺，大会圆满。上大螺顶，拜智慧灯。第一夜无所见。二夜见北台顶一团火，飞往中台落下，少顷分为十余团，大小不一。第二夜又见中台空中三团火，飞上飞下，北台现四五处火团，亦大小不同。渡黄河，越潼关，入陕西境。至华阴，登太华山。礼西岳华山庙，所经攀锁上千尺幢，百尺峡，及老君犁沟，名胜甚多。留八日，慕夷齐之圣。游首阳山，至陕境西南香山观音寺。

光绪十一年乙酉四十六岁（1885年）春，离香山。西出大庆关，入陕境。经耀州三原，至咸阳，观召伯甘棠树。至长安，城垣雄伟，古迹甚多。城外东北慈恩寺内大雁塔，浮屠七级。有唐代以下题名碑，大秦景教碑。府学宫前为碑林，

◎终南山虚云和尚法像

有七百余种。城东为灞桥，环有七十二孔。桥亭折柳，有阳关三叠处。至华严寺礼杜顺和尚塔，清凉国师塔。至牛头寺兴国寺礼玄奘法师塔，到终南山五台，响鼓坡，宝藏寺，白水浪，此处有两圣僧隐此。到嘉五台银洞子五祖窑。

光绪二十六年庚子（1900年）六十一岁予遂赶赴五台。行香毕，欲赴终南。以乱事日甚，仍退回北京。七月联军陷北京，时王公大臣，有住龙泉寺者，与予相熟。乃劝予偕伊等随扈跸西行。在兵荒马乱中，已无所谓"马随春仗识天骄"矣。日夜赶程，艰苦万状。行至阜平县，始闻甘藩岑春暖以勤王兵至。帝后大喜，乃护驾出长城。入山西雁门关。其地有云门寺，一老僧已一百二十四岁。帝赐黄绫，及建坊。又西行至平阳，遍地饥荒，人民以芋叶薯叶进，帝后食而甘之。至西安，帝住抚院，予以驾驻西安。嚣烦日甚，潜去。十月止终南山结茅，觅得嘉五台后狮子岩，地幽僻，为杜外扰计，改号"虚云"自此始。山乏水，饮积雪。充饥恃自种野菜。

光绪二十七年辛丑六十二岁，春夏予仍居茅蓬。赤山法老人抵陕，结庵翠微山。来六十余人，半住皇裕寺（唐太宗避暑处）。半住新庵。岁行尽矣。万山积雪，严寒彻骨，予独居茅蓬中，身心清净。一日煮芋釜中，跏趺待熟，不觉定去。

光绪二十八年壬寅六十三岁，去岁暮。入定不知时日，山中邻棚复成师等，讶予久不至，来茅蓬贺年。见

棚外虎迹遍满,无人足迹。入视,见予在定中。乃以磬开静,问曰:"已食否。"曰:"未。芋在釜度已熟矣。"发视之,已霉高寸许坚冰如石。复成讶曰:"你一定已半月矣。"相与烹雪煮芋饱餐而去。复师去后,不数日,远近僧俗,咸来视予。厌于酬答,乃宵遁。一肩行李,又向万里无寸草处去。①

从《虚云年谱》看出,虚云法师的终南山行迹,以南五台为中心。南五台在陕西省西安市南约27千米处,终南山麓,广袤十里许,有奇峰五,最高处曰大顶,四峰为清凉、文殊、灵应、兜率四台,合之大顶为五,南山佳丽之处,唯此最,又耀州区东1.5千米有北五台山,此云南者,别于耀州区而言也。南五台位于西安南约30千米,海拔1688米,为终南山支脉,南五台古称太乙山,是我国佛教圣地之一。南五台自然风景颇佳,从山下看五座山峰如笔架排列,一览无余,似乎近在咫尺,从竹谷进山至大台竟有12.5千米之遥,山重水复,峰回路转,险峰秀岩,目不暇接。涓流如帛的流水石瀑布、孤峰独秀的送灯台、屈腿静卧的犀牛石、峻

◎清凉台

拔凌霄的观音台、势若天柱的灵应台、如虎长啸的老虎岩等,景色如画,美不胜收,真可谓"构造地貌博物馆"。

灵应台远看突兀于终南一隅,雄奇无比,高不可攀。半道有清光绪辛

---

①参见岑学吕:《虚云年谱》,宗教文化出版社1995年版,第15—28页。

丑年浙江游客登临时刻石题字，也算前可见古人了。寺内师傅讲，隋代修建于观音台上的圆光寺早已火烧而毁，其他也在"文革"中毁掉，灵应台上庙宇为2004年重修，观音台为1994年重修。清代陕西巡抚毕沅描写这里："南望终南如翠屏环列，芙蓉万仞插入青冥。"

灵应台也叫舍身台，舍身台源自信仰和性灵的召唤，就是又叫灵应台的缘故吧。"舍身"来自信仰的激情和灵魂的烈焰。东边是日出的地方，也表示舍身的修行开始了。灵应台不是五台中最高的，但是因为山峰独立，建筑为三层阁，高大挺拔，所以看起来非常醒目。青瓦黄墙，加上红色柱子，颜色非常明快。在遍山白雪映衬之下，显得更加挺拔俊美。石阶黑色而清冷，旁边是丛林白雪，颇有"远上寒山石径斜"的意味。登上灵应台上的楼阁，上到最高层，眼前的视野极度扩大。向南边看过去，巨大的群山，沉默稳重，排列在面前。眼前所有的群山，层次分明，黑色的山脊，勾勒出冷峻的脉络，大山的沉稳气质，尽显无余。凭栏西望，除过几座台上的古建筑隐在山中，其余则是苍茫群山和浩瀚天空。

灵应台西边是文殊台，这里有山门、两间厢房和一座大殿。厢房里是护法神——四大天王塑像，代表了"风调雨顺"的含义。大殿供奉着四大菩萨之一的文殊菩萨。文殊，全称文殊师利，由于他智慧辩才第一，尊名亦称"大智文殊"。

◎南五台全景

灵应台和文殊台之间是清凉台。清凉台上面只有一座白色的大理石小亭子，在雪中显得更加清爽精致。通往清凉台的路上，没有一个行人的足迹。走到亭子里面，看见一张石桌，旁边几个石凳。石桌上的积雪已经化掉了一半，桌面上刻着一个棋盘。这么一处下棋场所，可能也只有神仙才可以来吧。清凉台很小，上边有一座汉白玉古亭，旁有青松一棵，让人倍感清爽。

观音台也叫大台，海拔1688米，是五台山的最高峰。建有圆光寺，还有隋代神光寺遗址，供奉的是观世音菩萨。史料方志多有记载："隋大业年间，修建大兴城，取南山之木，见有五彩光环，以为神异，禀明朝廷，勒建寺庙，名为'神光寺'。宋太平兴国三年（979年），曾先后六次出现五色圆形光环，神光寺又易名'圆光寺'。"天晴之日，站在这里向东能看到其他三台——文殊台、清凉台和灵应台。

观音台的地势最高，风景比起灵应台稍微有些不同，观音台的南边，是幽深的山谷，可以清晰地看见一些散落的房屋。据说，那些都是修行人住的寺院或者茅棚。终南山自古以来，就是修行人的圣地。观音台的西边有一座单独的山峰，比观音台稍低一些。上面有一座琉璃瓦的阁楼非常显眼，就是兜率台。远远望去，兜率台独自立在群山之中。漫漫冬日，须得多少定力，才能忍耐这般的寂寞和冷清？兜率台也叫作送灯台，就是给漫漫冬日、寒冷深夜的修行者送去温暖光明的意思。兜率台者，来自于兜率宫和兜率天。弥勒佛是兜率天的教主，也是未来佛，西方表示未来，兜率台居于南五台的最西边。兜率台上的香格里拉天堂的核心、前提和象征即虚云，坐过飞机的人们都有记忆：白云的上边就是澄澈的万里晴空。这也许就是虚云法师以虚云为号的一个注解。大约在中国的元明时代，英国出现了闻名世界的灵修著作：《不知之云》。该书的前言就提醒说，"灵修之云"可不是天空之云。如果希望懂得"灵修之云"，他最好"有一种踏实的圣神愿望"，就像终南山南五台是从最东边的舍身台开始之故。《不知之云》的无名作者，尽管远在英吉利海峡，应该懂得秦岭南五台虚云之心。秦岭终南山，莲花开五瓣，它的花蕊和灵香就源于一个充满"圣神愿望"的虚云心。

水陆法会悟真寺

　　人类地球，海洋面积大约是陆地面积的2.5倍。那么，尽管人类以陆地为生活家园，如果以面积比例看，海洋中的生命就是陆地生命的2.5倍之多。佛教很早就知晓这一道理，因为佛陀在一杯水里，早已经看到了万千生命，因此，世界各地佛教，一直有举办水陆法会的庄严传统。水陆法会，略称水陆会，又称水陆道场、悲济会等，是中国佛教经忏法事中最隆重的一种。这种法事是由梁武帝的《六道慈忏》（即《梁皇忏》）和唐代密教冥道无遮大斋相结合发展起来的。

　　水陆庵位于蓝田县城东10千米的普化镇王顺山下，为六朝名刹，以保存古代精巧罕见的彩塑而闻名，被誉为"中国的第二个敦煌"。它三面环水，形似孤岛，周围青山耸立，河水环流，故称水陆庵。水陆庵的水陆殿于明嘉靖四十二年（1563年）至明隆庆元年（1567年）修建，殿内13面

◎水陆庵

◎水陆庵彩塑

墙壁上精雕细塑着大量泥制彩绘塑像、壁塑、悬塑，总计3000多尊，其造型、身姿、表情、服饰等繁复各异，是陕西省年代最久、保存最完整的彩绘泥塑群，泥塑内容、结构和彩绘方法非常特殊，保存了多种历史艺术文化信息，具有极高的艺术、历史和佛教研究价值。

壁塑全部在庵内的大殿里，分为南北山墙、殿中正隔间两壁及两檐墙四部分，共有大小不等的佛像3700多尊。进入大殿迎门，中隔壁分为三个区间：中隔正壁间塑释迦、药师、阿弥陀佛，均端坐须弥座上。释迦牟尼佛左右侍立着迦叶、阿难，药师、阿弥陀两佛左右侧，也各有协侍侍立，均五指合十。最令人注目的是三尊佛像均有金碧辉煌的背光，释迦的背光上有四佛、八大菩萨、四大金刚、八部护法等；阿弥陀佛身后的背光则有东方三圣，中为阿弥陀佛，左为观世音菩萨，右为大势至菩萨。另外尚有象征西方极乐世界的庞大的伎乐队伍。药师佛的背光上则是东方三圣，中为药师佛，左右分别为日光、月光二菩萨。中隔正壁的背面塑有三大菩萨，观音高坐在龙台之上，左为文殊菩萨骑青狮，右为普贤菩萨骑白象。中隔北壁间，正面是地藏菩萨，背墙上是地藏变。北壁间背面是十六臂观音像，像后壁上则是妙善公主剜眼割手为父治病的经典故事。中隔南壁间，正面是药王菩萨，壁上则是我国历代名医像。药王菩萨两侧各有一小殿，分别供奉药王孙思邈和神医华佗。南壁向背面则是孔雀灵王的塑像，身后为孔雀灵王的经典故事。

　　秦岭蓝田水陆庵最突出的特色，即水陆庵大殿内众多的佛教彩色泥塑。众多的佛教彩色泥塑，意味着众多的神灵到场襄助法会圆满举办，意味着受难生灵的众多程度。从自然地理看，蓝田水陆庵山环水绕，北面是逶迤连绵的骊山丘阜，南边是峻伟的秦岭主脉。它的南方，是从终南山流淌而下的蓝桥溪流；它的东北方向，是著名的灞河上源。从历史地理看，水陆庵的南北分别是锡水洞猿人遗址和蓝田猿人遗址。蓝田猿人遗址是继北京猿人之后，我国最著名的古代猿人遗址。蓝田猿人的生活年代，距今有100多万年的悠久历史，有数以亿万计的华夏先灵，需要祭奠！水陆庵又正位于秦岭蓝武道的北麓出口。不说其他，仅战国时期秦楚两国争霸，就至少有几百万的古代将士在此牺牲。他们的亡魂，又是多么的需要怜悯、关怀和超度！如此对比，水陆庵万千的彩色泥塑和众多的神灵，还是显得有些少。

◎悟真寺山门

据记载，今日的水陆庵是悟真寺的下院。蓝田县悟真寺是中国古代一处著名的佛寺，本为六朝古刹，极盛于隋唐时代，传说是佛弟子迦叶坐化之处。其上院位于陕西省蓝田县蓝水谷中，唐时的悟真寺，风景绝佳。当地遥望玉山，青峰插天，下临兰溪，碧水潺潺，绿树丛中，楼阁重叠，殿宇毗连。寺院距帝都长安不过百余里路，山下即是长安通向商州、邓州、襄阳的秦楚古道，交通便利；净土宗著名的善导大和尚曾于此寺修行说法17年之久，所以不仅文人墨客、善男信女来此游览者络绎不绝，就是当时帝王嫔妃、达官显贵，也时常入山消遣布施，使悟真寺成为名冠一时的佛教丛林和游览胜地。风景区位于蓝田县东南，距西安市约35千米，森林密布，山势险峻，峰峦叠嶂，沟壑回环，气势恢宏。

悟真寺建于隋文帝开皇元年（581年），由名僧净业、慧超所建，位于悟真峪口，与下悟真寺、水陆庵连成一片，组成了绵延数里的佛寺群。唐代净土宗创始人善导、名僧法诚等人又进行了扩建，成为容纳千名以上僧侣的著名寺院。高僧于此观想念佛，便觉有千万莲华，弥漫其间。长安信众闻讯而来，悟真寺香火达于极甚。文人骚客如李白、钱起，书圣画杰如褚遂良、吴道子，都在寺中留下诗韵墨迹，足为千秋风范。会昌灭佛，悟真寺始遭浩劫。兹后战乱频发，兵燹不绝，悟真寺奇观不再。中唐之后，白居易来游，已倍感凄凉。然其留下百韵长诗，记

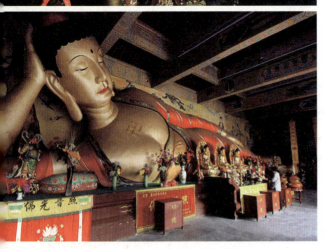

◎悟真寺佛像

眼中悟真寺之气象，犹可领略当日规模矣。

白居易在《游悟真寺》中写道："前对多宝塔，风铎鸣四端。"悟真寺有多宝佛塔。随着法华信仰的盛行，我国自古便有多宝塔的造立，如六朝时代多建三层塔，唐代则设于诸寺中，在敦煌石窟、云冈石窟、龙门石窟及浙江省舟山市等地皆有其遗迹留存。现在小雁塔的博物馆内有大量的魏晋南北朝时期的造像遗存，其中就有很多多宝佛的造像，常和释迦佛一起出现在宝塔中。据《法华曼荼罗威仪形色法经》偈所载，多宝如来头戴绀发冠，身相黄金色，结智拳印，身披袈裟，跏趺（盘腿而坐，脚背放在大腿上）于大莲花上。关于释迦如来的形象，则为头油绀青髻，眉间放白毫光，身相黄金色，左手结拳印，身披袈裟，跏趺坐于白莲之上。此系以多宝为金刚界大日如来，而以释迦为胎藏界大日如来之意。

据说，唐贞观年间，曾有一僧人夜入蓝水，忽闻有诵《法华经》者，声音纤远，而其时，月明星稀，四野无人，僧心骇，回到悟真寺后告知其他僧人，僧皆不信，约好第二天傍晚同去看个明白，到了蓝水边，果然有诵《法华经》的声音，似乎是从地下传出来的，于是僧人就做了个记号。及至天明，在做记号的地方挖下去，发现深土中埋有一个枯颅，头骨虽已发白，嘴唇与舌头却鲜润如初。众僧以为奇异事，就用一个石函装殓了枯颅，置于千佛殿西轩下。从此，每逢傍晚，石函中总是传来诵《法华经》的声音。满长安城都知道了这件事，纷纷来悟真寺祭拜，悟真寺一时香火大盛。后来，有一个新罗来的僧人客居于寺，长达一年有余。有一天，这个新罗僧人乘悟真寺僧人下山之际，偷走了圣物，渺无行踪，这遂成了悟真寺的一桩憾事，从此，悟真寺慢慢走了下坡路。石函的故事，野史中有记，白居易的《游悟真寺》诗中也写道："身坏口不坏，舌根如红莲。颅骨今不见，石函尚存焉。"

圭峰月照草堂寺

《福音》有言，贬抑者，将获高举。"草堂"，即便是在我国古代，也是寒士寄身的贫家，是贫民社区的茅庵和社会底层的象征。可是现在，中国至少有两个草堂已经成了一种荣誉和辉煌的代名词：一个是四川省成都的"杜甫草堂"，一个就是陕西省户县的"草堂寺"。户县的"草堂寺"，是佛教信仰的著名圣地。唐代时，草堂寺曾改名为"西禅寺"，清雍正十二年(1734年)，又改名为"圣恩寺"。几番改名，皇恩有加，法味更浓，却都被历史婉言谢绝了——历代诗文碑刻以及百姓们都仍称其为草堂寺。

草堂寺坐北向南，高大的山门上，挂着赵朴初先生所书的"草堂寺"金字横匾。步入院内，松柏、翠竹扶疏，浓荫遮地，花草吐香。沿青砖铺就的林荫道北行，道旁立一座古色古香的钟亭，里边挂一口明万历十九年(1591年)铸造的巨钟，再向前行便到了小山门，门正中挂着"草堂古寺"的匾额，小山门两侧便是碑廊。碑廊建于1956年，单据12间，面积120平方米，呈"凹"字形，面对着大殿，与东西厢房衔接，形成草堂寺的内院。草堂寺现存的最大殿堂，是"逍遥三藏"殿，此殿是清代的天王殿。此"逍遥三藏"匾由兴善寺方丈妙阔法师亲笔书写。1945年定

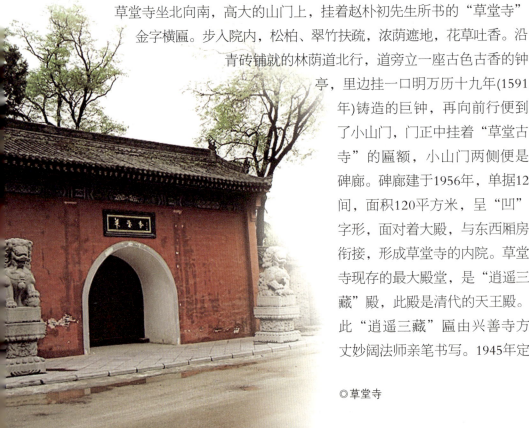

◎草堂寺

悟法师任草堂寺住持时,西安各寺庙联合赠送,1947年悬挂在殿前。殿内正中供奉明代施金泥塑如来佛像,佛像前安放着日本日莲宗奉送的鸠摩罗什坐像。这尊鸠摩罗什坐像高1.2米,用一整块楠木刻成,一双慧眼,满面含笑,栩栩如生。13世纪,日莲(1222—1282年)在日本子睿山学习天台宗,至1253年专依鸠摩罗什译的《法华经》建立日莲宗。这样,日本日莲宗信徒,就把草堂寺作为其在中国的祖庭,并尊鸠摩罗什为初祖。

大殿西侧门外,有一座用红砖花墙围成的六角形护塔亭,亭内矗立着草堂寺最珍贵的文物——"姚秦三藏法师鸠摩罗什舍利塔"。

鸠摩罗什(343—413年),是一位具有传奇色彩的高僧,他既晓梵语,又通汉言,名传西域,声闻中原。为争夺这位高僧,前秦后秦发动了两次战争。前秦建元十八年(382年),苻坚派大将吕光率军七万西伐龟兹迎鸠摩罗什入关,谁料淝水之战苻坚兵败后被姚苌所杀,吕光失主后便在凉州自立(今甘肃武威),建立了后凉,鸠摩罗什也随吕氏在后凉弘法17年。到后秦弘始三年(410年),皇帝姚兴遣硕德率军西伐后凉,又迎鸠摩罗什至长安,后于圭峰山下逍遥园中千亩竹林之心"茅茨筑屋,草苫屋顶",起名草堂寺,后经扩建,殿宇巍峨。鸠摩罗什率众僧住此译经,当时译经队伍非常庞大,在鸠摩罗什主持之下,译经场中有译主、度语、证梵本、笔受、润文、证义、校刊等传译程序,分工精细,制度健全,集体合作。据记载,助鸠摩罗什译经的名僧有八百余人,远近而至求学的僧人达三千之众,故有"三千弟子共翻经"之说。罗什首次将印度大乘佛教的般若类经典全部完整地译出,对后来的中国佛学发展起到了重要的作用。唐代元和年间,唐宪宗敕令重修草堂寺。宋朝初,政府对草堂寺进行大规模重修。清雍正十二年(1734年),又改名为"圣恩寺"。鸠摩罗什圆寂后火化,据说薪灭形碎,唯舌不烬。其弟子收其舍利,建造舍利塔以纪念之,这就是至今保存完好的"姚秦三藏法师鸠摩罗什舍利塔"。

舍利塔北边竹林深处,掩藏着远近闻名的"烟雾井"。烟雾井位于寺内西北角靠围墙处,东南紧挨竹林。烟雾井俗谓"龙井"。相传井下有一块巨石,石上卧一条蛟龙,早晚呼气,从井口冒出,遂成"烟雾"。此外又有人说,草堂寺自古以来佛事兴盛,进香拜佛的人不计其数,以至于香烟升至高空,与山气聚合,遂成"烟雾"。随着科学进一步发展,人们对于前两种说法不过是作为美好的神话传说来接受而已。草堂烟雾的成因合乎科学的解释是:由于关中一带地热资源丰富,地热在运动的过程中,沿地壳的岩缝冒出地面,升至高空,遂成烟雾。后来,由于地热改道运动,烟雾井便再也无烟雾了。

据说,当年每当落日沉入终南山之时,烟雾腾空,蔚为奇观:轻烟淡雾,摇曳于圭峰之巅,多呈淡淡的紫色。这一带的终南山奇峰突兀,层峦叠嶂,山钟其灵,水毓其秀,修竹掩墙,苍松映朱阁,于是乎居名区之首,列八景之中,名曰"草堂烟雾"。清代朱集义诗云:"烟雾空蒙叠翠生,草堂龙象未分明。钟声缥渺云端出,跨鹤人来玉女迎。"①

草堂寺建有碑廊,现存名碑20余通。其中"草堂寺唐太宗皇帝赞姚秦三藏罗什法师碑"为正方形,边长0.55米,碑周有线刻波纹,碑面多风化裂纹,但字体尚可辨读:"金正大乙酉岁(1225年)仲冬望日,住持传法沙门义金重录上石,长安樊世曹刊。"从碑可见历史上草堂寺的地位和影响。而"过草堂暨终南山"与"游圭峰草堂"两碑,仅从名称可以看到圭峰山和草堂寺血脉一气。今日草堂寺里,与钟亭相对之处,有唐宣宗大中九年(855年)所刻的"唐故圭峰定慧禅师碑"。定慧禅师即唐高僧宗密,华严宗祖师之一,史称圭峰大师。他曾在草堂寺著书讲学,并以习禅称世。"圭峰月照草堂寺"让人体会到圭峰山和草堂寺的血脉相连,地望浑然和优美形胜。

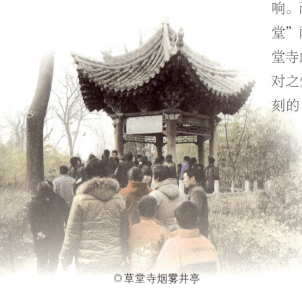

◎草堂寺烟雾井亭

---

① 历史上"草堂烟雾"属于关中八景之一。近来有学者认为是地热现象,未敢遽论。

◎草堂寺鸠摩罗什舍利石塔

◎圭峰之春

圭峰山位于太平谷口,为断裂岩形成的三角形孤峰,它拔地而起,海拔约1500米,三面为悬崖峭壁,唯南面坡度较缓,上有一寺,圭峰禅师宗密曾在这里坐禅。峰顶一席之地筑有一庙。每当黑云压顶,必有大雨,故俗云"圭峰戴帽,白雨发泡"。圭峰旁又有天池,秋月照射,澄澈如镜,其峰之南旧有别墅,"暮山紫翠,横绝天表,月高露下,群动暂息,忽有笛声自西依山而起,上拂云汉,下满林壑,清风自发,长烟不生,听之,天地人物洒然如在冰壶中也。"

圭峰大师,号宗密(780—841年),我国华严宗第五祖,唐代果州(今四川南充)人,俗姓何,谥号定慧禅师。唐宪宗元和二年(807年)赴京师应贡举,途经遂州,听闻道圆和尚说法,乃随其出家,并受具足戒,又依道圆之劝,参谒净众寺神会之弟子益州南印禅师,再谒洛阳报国寺之神照。元和五年（810年）入澄观（清凉国师）座下，受持华严教学。元和十一年（816年）正月，止于终南山智炬寺，自誓不下山，于此遍览藏经三年，撰有《圆觉经科文》二卷。后入终南山草堂寺，潜心修学，著《圆觉经大疏》三卷。再迁寺南之圭峰兰若，专事诵经修禅。唐文宗太和二年（828年）征入宫中讲经，帝赐紫方袍，相国裴休与朝野之士多受其教，未久请归山。会昌元年唐武宗（841年）正月初六坐化于兴福塔院，世寿六十二，法腊三十四，荼毗后得舍利数十粒。

  国内有几座著名的圭峰山，论名气，目前秦岭户县的圭峰山不大，然而，户县圭峰山和草堂寺血脉一气，而且为了草堂寺的鸠摩罗什法师，历史上发生了两次战争。世界历史上，也只有希腊美神海伦可以相提并论。其次，历史文化上，国内的几个著名圭峰山中，恐怕只有终南山的圭峰出了"大师"。《圭峰禅师塔铭并序》是唐朝宰相裴休撰并书，其中有言："遇穷子则叱而使归其家，见贫女则呵而使照其室。穷子不归，贫女不富，吾师耻之。"圭峰山月，皓亮清高，普照草堂。那就是佛光普照！难怪草堂寺宁可舍弃"西禅寺"和"圣恩寺"人间盛名；难怪"圭峰月照"下的草堂寺，成了荣誉辉煌的代名词，成了佛教朝拜的圣地！

香巴拉：净业与净土

10年前，我在南五台后宽法师的"净土茅棚"，看过《寻找香格里拉》。《寻找香格里拉》的作者陈宇宽，国民党陈诚将军的孙辈。在美国哈佛大学完成学业之后，陈宇宽开始在大陆，主要是西藏雪山"寻找香格里拉"。祝福陈宇宽艰难跋涉之后，能够进入他希望中的香格里拉。"香格里拉"又译为"香巴拉"，是藏语的音译，其意为"极乐园"，是佛教所说的神话世界，为时轮佛法的发源地；佛学界认为香巴拉是一个虚构的世外桃源。其实，香巴拉是藏传佛教徒向往追求的理想净土，即"极乐世界""人间仙境""坛城"和"天堂"。

◎终南香积寺

◎霞映善导塔

香巴拉，即净土宗的净土概念。秦岭终南山是净土宗的祖山圣地，一是香积寺，一是圣寿寺。佛教香积寺著名者有三个：浙江杭州香积寺、河南汝州香积寺和秦岭终南山香积寺。终南山香积寺在西安城南约17.5千米的长安区郭杜乡香积寺村，是国务院确定的汉族地区全国重点佛教寺院之一，也是中国净土宗祖庭。"香积"一词来源于佛教经书《维摩诘经》，《维摩诘经·香积佛品》云："有国名众香，佛号香积。"

唐朝时的寺院规模宏大，有"骑马闯山门"的传说，据"龙禅法师碑"载："神木灵草，凌岁寒而独秀，夜暗花明，逾严霜而霏萃。岂直风高气爽，声闻进道之场，故亦临水，面菩萨会真之地。又于寺院造大堵坡（即佛塔），塔周回二百步，直上一十三级……重重佛事，穷鹫岭之分身；种种庄严，尽比丘之异宝。"当时，武则天和唐高宗都曾来此礼佛，并将"倾海国之名珍""舍河宫致密宝"赐给香积寺。因善导在长安拥有众多信徒，这里又供奉着皇帝赐予的法器、舍利子，故前来瞻仰、拜佛的人络绎不绝，香火极盛。唐代王维的《过香积寺》诗云："不知香积寺，数里入云峰。古木无人径，深山何处钟。泉声咽危石，日色冷青松。薄暮空潭曲，安禅制毒龙。"

寺内现存的善导塔是公元680年修建的。塔由青砖砌成，为仿木结构。塔原为13级，因年久残毁，现存在11级，高约33米。塔身周围保存有鞍形的12尊半裸石佛像，雕刻精巧，实为珍品。塔基层四面有门，南门帽额上嵌有篆刻的"涅槃盛事"横额，是1768年修补时所做。塔身四面有用楷书刻写的《金刚经》，字

◎圣寿寺印光法师塔

迹雅秀，笔力遒劲，十分引人注目。香积寺在唐代曾盛极一时。怀恽召集四方僧众多次在寺内举行隆重祭祖。唐高宗李治曾赐舍利千余粒，还有百宝幡花，令其供养。武则天和唐中宗母子多次亲临膜拜。寺院当时规模宏大，除善导弟子敬业灵塔外，还有万回、平等灵塔。

香积寺是中国净土宗祖庭。净土宗又称莲宗，以《无量寿经》《观无量寿经》《阿弥陀经》和《往生论》为主要经典，主要宣扬西方极乐世界。而净土宗的实际创始人即是唐代的善导大师（613—681年），他是大净土教的一位高僧，后被尊为莲宗第二祖。至于莲宗始祖，则要追溯到慧远了。为了进一步弘扬净土法门，他著《观无量寿佛经疏》（《观经四贴疏》），教人专称弥陀名号为正行。目前现存善导大师的著述一共5部29卷，即《观无量寿佛经疏》4卷、《往生礼赞偈》1卷、《净土法事赞》22卷、《般舟赞》1卷、《观念法门》1卷，其中《观无量寿佛经疏》主要阐述净土法门的教相教义，于8世纪传往日本，日本僧人源空即据此创立日本净土宗。善导平日持戒极严，除研读教义、劝化他人外，总是合掌长跪，一心念佛，非力竭不休。传说他念佛一声，即有一道红光从其口中出，十声百声光明如前，人称"光明和尚"。他用布施来的钱财，书写了《阿弥陀经》数万卷，书净土变相三百于壁，把净土宗中经典的人物故事用图画描绘出来。近代新疆吐峪沟高昌故址出土的许多古代写经中，也有善导的作品。

南五台西坡，也有一座净土宗寺院，即坐落在山口的圣寿寺。圣寿寺前的平地上，有一棵唐朝槐树，树上的牌子表明这棵树属于西安市重点保护的名树。至于圣寿寺本身，则是在隋朝杨坚的仁寿年间（601—604年）建立的，算是南五台历史上最早建造的寺院。建寺的第二年，御书的牌匾上是"观音台寺"，唐代宗大历年间，改名为"南五台山圣寿寺"。圣寿寺的现任住持为广宽法师，六七十岁。圣寿寺有两座塔，其中一座就是有名的圣寿寺塔，该塔建于隋朝，原名叫"应身大士塔"，来源于观音菩萨显化成和尚去斗毒龙的故事。另一个说法是隋朝时期放置了释迦牟尼的牙骨在里面。塔有7层，30多米，为仿木楼阁式砖塔。它的不远处，有另一座比较矮小的砖塔，这就是印光法师塔了，这个塔是用来纪念印光法师的。

◎净业寺山门

印光法师（1861—1940年），陕西合阳县人。以前学儒学，后来研究佛理，21岁时，在南五台的莲花洞寺出家，不久就离开山里到外省寺庙去了。一年之后又回到终南山结茅潜修，曾经在圣寿寺住过一段时间。印光大师一生，由儒入释，主张儒佛融合，学佛由做人学起，所以他平日很善于用儒家伦理及念佛法门教人。比较有名的著作就是《印光法师文钞》一类的书籍，对广大的信徒建立正信起到了很大的作用，后来也被尊为净土宗第十三代祖师。

南五台后山茅棚很多。其中，土茅棚的院子不大，却非常整洁，大约有一间大屋，两三处厢房。院子边缘种着花草，开得正好。院子中种着几株果树，树枝低矮，上面的果子累累地压下来，触手可及。净土茅棚的"主人"是乘波师父，乘波师父是20世纪80年代出家在此修行的，之前她的师父慧因和师叔慧远一直在这里修行净土宗法。山上的女尼清修是很辛苦的，供养很少，都靠自己种地。乘波的师父、师叔都已经圆寂了，留下乘波和另外两个小徒弟在此处修行。慧因、慧远师父少年在东北出家，年轻的时候在北京开会相遇，于是相约来到终南山修行。在这里盖起了简陋的茅棚，一住就是几十年，从来不下山。她们一生简朴，凡是供养的衣物，都再施舍出去，临到圆寂，身上还是多年的破袈裟，身后一无所有。师父慧因早年往生，师叔慧远前两年圆寂了，临走的时候，非常清醒地说："我往生净土去了。"

颇为时尚的香巴拉，即终南山的净土！无论是藏密香巴拉，还是南山净土，都超越了生命的天国世界，都以日常的自我净业为根本前提。佛教戒、定、慧三学，戒为基础，以戒为宗即律宗。终南山沣峪口，即有律宗祖庭净业寺。

◎弥勒佛石雕

净业寺始建于隋末，唐初为高僧道宣修行弘律的道场，因而成为佛教律宗的发祥地。律宗因着重研习及传持戒律而得名，实际创始人就是道宣。道宣律师以大乘教释《四分律》，广弘律学一脉，他的著述中有关《四分律》疏、钞极多，其中《四分律删繁补阙行事钞》《四分律删补随机羯磨疏》《四分律含注戒本疏》被称为"南山三大部"，再加上《四分律拾毗尼义钞》和《四分比丘尼钞》，总称为"五大部"，在中国佛教史上占有极其重要的地位。他在终南山创设戒坛，制定佛教受戒仪式，从而正式形成宗派，他的《关中创立戒坛图经》亦成为后世戒坛的典范，因他依据五部律中的《四分律》建宗，也称四分律宗。复因道宣住终南山，又有南山律宗或南山宗之称。道宣律师因是唐初时人，与玄奘、窥基、圆测法师、牛头祖师及孙思邈等交往颇多，在净业寺驻修的四十余年间，道宣律师除两次出山，被礼请参加玄奘法师在长安弘福寺、西明寺组织的译场外，其余时间均在净业寺潜心禅定，研究律学。

净业寺处在山腰高处，坐北朝南，东对青华山，西临沣峪河，南面阔朗，可眺观音、九鼎诸峰，站在高处，山风阵阵，热汗顿消，清爽异常，实在是一个静心清修的好道场。不过也因为道路太艰险，所以此处人迹罕至。净业寺庭院建筑大多数是后来重修的，为仿唐格式，质朴庄严，不复平日所见明清建筑雕梁画栋，真可谓繁华洗尽，只现纯真。庭院里草木葱

◎净业寺门殿

郁,干净整洁。方进得寺院,就看见一只锦鸡和两三只大孔雀在庭院散步,不由得令人惊奇。孔雀望见来人,亦不躲闪,自在前行。

净业寺敲钟的师父,声音洪亮悠长。敲罢钟,出来大殿的时候,他唱起《南山颂》。他笑着说,人家都说做一天和尚敲一天钟,我是真正的做一天和尚敲一天钟,这样已经过了很多年了,修行无时无刻都有,就是敲钟也要尽责任认真地敲钟。敲一次钟,就能消一些"业",敲一天钟,就能消一天的"业",能一辈子敲钟的人,都是那些诚实劳作、心灵高尚的人们。难怪法国作家雨果在《巴黎圣母院》中描述"敲钟人"卡西莫多是理想与高尚的化身。拜访净业寺之后,一位居士有诗叹道:"终南一何秀,古寺见云间。何当会此景,净业再问禅。"是啊!时尚的西域香巴拉,古朴的南山净土,一定是香气沁心、晶莹美好的心灵天国。"何当会此景,净业再问禅",还是从我们日常生活中的净业和敬业开始吧。

第十章

终南捷径：道的政治伦理

现代社会，近年隐士文化陡遭注目，巷间乡里，道听途说，议论纷纷，煞是热闹。其中，"小隐隐于野，大隐隐于市"最为流通。然而，此为欺人之谈，也是无稽之谈。十几年前，尤西林先生在《阐释并守护世界意义的人》中从人文哲学高度，对此已有深透驳析。是啊，作为《道德经》的作者，老子既是隐士领袖，也是最大的隐者吧，按照"小隐隐于野，大隐隐于市"的流行说法与逻辑，老子就应该留在函谷关的都城洛阳，为何入关来到终南山下的楼观呢？

《空谷幽兰》中写道："终南山，有人将它解释为'月亮山'。传说中，那里是太阳和月亮睡觉的地方，在它神秘的群峰中，坐落着天帝在尘世的都城，还有月亮女神的家。于是这里就成为某些人前来试图接近月亮的神威和它的力量根源的地方，因而也就成了隐士的天堂。"

玉山云海

关于终南山的隐士文化，李利安教授曾与记者有以下采访内容：终南山的幽静深邃与国都的喧嚣繁荣处于一种若即若离的状态，正好符合隐士文化这一特色。当记者问终南山隐士现象有无消极意义时，李教授说，当然，历史上也有一小部分，应该说极个别隐士只是把终南隐居作为致仕的一个捷径，像唐代卢藏用在终南山修道后被朝廷诏用，就被天台山来的司马承祯贬斥为终南捷径。总之，隐士的行为尽管呈现出一定的消极特色，但从总体上来看，应该说是一种反思社会、批判现实、独享精神清静的文化现象。李利安教授还对终南捷径在修道方面的积极含义做了解释，认为自古以来口耳相传的"天下修道终南为冠"是有其真实根据的。①

◎玉山渡云峰

"终南捷径"来自唐代卢藏用的人生故事。卢藏用（664—713年），字子潜，幽州范阳（今河北涿县）人。武周长安年间（701—704年）召授左拾遗，神龙年间（705—706年），为礼部，兼昭文馆学士。卢藏用的父亲当过魏州司马，也是一位名人。卢藏用乃高官兼文士之后，少能辞赋，年纪不大就中了进士。却因为没有门路，不得官。就写了一首《芳草赋》，飘然而去，跟哥哥卢徵明一起上终南山当了隐士。

《旧唐书》记载，卢隐士学道极其专业，每日在山林之间练气舞剑，隔一阵子还要辟谷。隐居期间，卢藏用认识了一些谈诗论道的友人，其中就有李白、贺知章、宋之问等人，时称"仙宗十友"。跟他关系最好的，是"念天地之悠悠"的大才子陈子昂。陈子昂早卒，卢藏用帮陈子昂抚养孩

---

①近年探讨"终南山隐士"的著作已出现了好几部，报刊文章更多。殊不知，这并非一个大众话题，而是相当专门的学术话题和严肃的个人应世选择。此处论述的，仅是其所关涉的"政治伦理"而已。

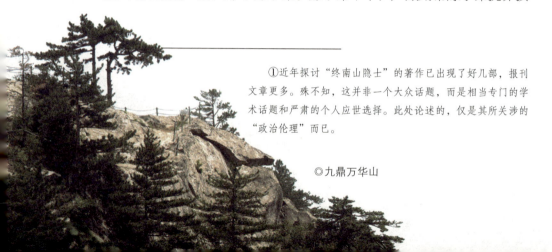
◎九鼎万华山

子，相当仗义。卢藏用的名声转恶，是做了隐士之后，有说他"始隐山中，有意当世"，是个随驾隐士。就是说他跟姜子牙差不多，钓鱼实为钓人，钓人实为钓功名。公平地说，这也没什么不对。

唐朝刘肃的《大唐新语·隐逸》记载：唐代卢藏用举进士，隐居终南山中，以冀征召，后果以高士名被召入仕，时人称之为随驾隐士。司马承祯尝被召，将还山，藏用指终南山曰："此中大有嘉处。"承祯徐曰："以仆视之，仕官之捷径耳。"欧阳修的《新唐书·卢藏用传》基本引用，"终南捷径"由此而来。"终南捷径"作为为官的策略技巧也罢，卢藏用作为真假隐士也罢，有资格贬损的，只有像司马承祯那样诚恳修行的高道！其实，司马承祯所谓的"以仆视之，仕官之捷径耳。"也许只是诙谐幽默，是一句价值中立叙述，并不包含后世赋予的贬损讥讽。

在《论语·宪问》中，子曰："贤者辟世，其次辟地，其次辟色，其次辟言。"子曰："作者七人矣！"对于"辟世"，或者"辟地"的选择灵活性，孔子毫无"贬损讥讽"，认为只是"贤者"的几种应世方式，并告诉学生说：已经有七个人这样做了！其中应该就有大名鼎鼎的姜子牙。唐朝刘肃的《大唐新语·隐逸》、宋代欧阳修的《新唐书·卢藏用传》面世以来，对卢藏用"终南捷径"的贬损讥讽，实质源自宋明理学的虚伪、小气和嫉妒！卢藏用本人的名字就说明，对于自己"辟世"或者"辟地"的人生选择与灵活方式不仅直言不讳，倒颇为自负。除唐代卢藏用外，人生道路上走"终南捷径"的另一个著名人物，就是宋朝的种

◎太乙观星

放。

种放（955—1015年），字明逸，河南洛阳人。《宋史·隐逸传》为其立传，《五朝名臣言行录》《名臣碑传琬琰集》《宋诗纪事》等诸典籍对其都有记载。种放终南隐居30年，是道士陈抟的高足。北宋开宝三年（970年），是宋太祖大举用兵南汉的一年。这一年，种放看到时不可为，在父亲死后，携母悄然隐入终南山豹林谷，开始了长达30年的隐居生涯。

终南隐居生活是艰苦的，种放以讲学为业，靠弟子们致送的"束修"奉养老母。然而每当山河暴涨，道路阻隔，粮谷乏绝，便会断炊，就只好以芋栗为生了。种放生性嗜酒，外出沽酒不便，只好亲自种秫山中，用以自酿。《宋史》记载，种放的《易学》受之于陈抟，"源流最远，其图书象数变通之妙，秦汉以来鲜有知者。"身为《易学》大师，种放不忘传承后人。经学深醇的朱震在《汉上易解》中说："陈抟以《先天图》传种放，放传穆修，穆修传李之才，之才传邵雍；放以《河图》《洛书》传李溉，溉传许坚，许坚传范谔昌，谔昌传刘牧。"可谓后继有人。种放写的《蒙书》十卷及《嗣禹说》《表孟子上下篇》《太一祠录》为世人称道。

宋代的隐士，因其贞退之节合乎"无为"之道，便大为朝廷优崇。访求、赐号、延见、迎送隐士，在太宗、真宗两朝忙无虚日。太平兴国年间（976—983年），种放的业师陈抟曾被召入朝，颇受太宗礼遇，被赐号"希夷先生"，并得赐紫衣一袭。朝廷如此推崇隐士，是在有意识地标榜他们的恬退情操，借以消弭当时官场中的奔竞之风。然而也为隐士提供了出仕做官、参与社会的机会。宋太宗淳化三年（992年），终南山第一次迎来了朝廷的使者。陕西转运宋惟干向朝廷表荐种放的才行，宋太宗诏令种放赴阙。出山赴阙后，累拜给事中，迁工部侍郎，受到宋真宗的无比优礼。

宋朝隐士种放的"终南捷径"和唐代道士卢藏用的"终南捷径"一样，遭到人们的非议和贬损。可是，种放的业师陈抟曾被召入朝，颇受太宗礼遇，被赐号"希夷先生"，并得赐紫衣一袭的人生经历，又为何成为后世人们津津乐道的美谈和佳话呢？"吾钓千年王，不为池中鱼"的西周姜子牙，磻溪垂钓而出将入相，为何也是人们后世津津乐道的美谈和佳话呢？看来，种放的"终南捷径"，其"错"也许在种放个人：出山无力出将入相，回山无能得道成仙；升官不敢，修仙不成；在南山孝心养母，且遭老母斥责。对种放"终南捷径"的贬损讥讽，"种放遭老母斥责"云云，如果不是宋明理学的谎言，就是种放和老母已屈从于宋明理学的专制！同样的"终南捷径"，唐代卢藏用的自负和宋代种放的自愧，多么不同啊！

宋代种放与其师陈抟的"入朝受封"经历，表明了颇为复杂的"道的政治伦理"：其一，得道高士，出山有本钱，在山当神仙；普通隐士，虚名之下，出山有风险，在山受熬煎。"终南捷径"本身没有对错：走得好，于己有利于人有益，"终南捷径"便是成功荣耀之路。华山陈抟、龙门丘处机对社会事业的巨大功德，就是一种颇具魅力和影响的"终南捷径"。其二，宋代种放、唐朝卢藏用的"终南捷径"都遭人讥讽，卢藏用的自负和种放的自愧表明，唐朝与宋代"道的政治伦理"有着显然之别。"辟世"或者"辟地"，唐朝的人有自由，宋朝的人已无自由。其三，对种放的贬损讥讽、对其师陈抟的赞扬美化表明：宋明以来的中国文化，实质是一个对弱者落井下石、对强者歌功颂德的趋炎附势的把戏！弱者和强者在"道的政治伦理"世界的待遇完全不同！

◎玉山并出两峰意

"终南捷径""道的政治伦理"的功能和意义大矣。"终南捷径"在"道的政治伦理"层面上，不仅有积极意义，而且颇具魅力和挑战性。

　　至于李利安教授认为，"终南捷径"在修道方面的积极含义，认为自古以来口耳相传的"天下修道终南为冠"是有其真实的根据的，却要在历史的事实层面接受检验。就道教而言，"终南捷径"在修道方面的历史，就事实层面是相当失败的。大家知道，唐代是道教的黄金时期，李唐将老子封为"玄远皇帝"。可是，终南山道士们，在"道的政治伦理"世界，与佛教没法相比。唐太宗李世民称玄奘法师为"御弟"，亲自写《圣教序》，在南山翠微寺临终时，让玄奘法师陪伴。声称"自古以来口耳相传的天下修道终南为冠"的道人在哪里呢？"终南捷径"在哪里体现出来呢？尤其王重阳的"活死人墓"修法、丘处机的七年龙门苦行皆表明："终南无捷径。"

法门通国：佛的皇家殊缘

法门通御道，佛的国家殊缘甚深。仅以命名看，就有"兴国寺""相国寺"和"护国兴教寺"。河南省开封有著名的大相国寺，秦岭终南山下有"大唐护国兴教寺"，位于西安城南约20千米处，长安县樊川北原（少陵原)。寺内藏有明代铜佛像、缅甸玉佛像各一尊，还有历代经卷数千册。周恩来总理曾陪同印度第一任总理尼赫鲁来此瞻仰玄奘墓塔。

玄奘从印度取经回来以后，倾注全部心血译经19年，公元664年圆寂于玉华宫。遗体运回长安，安葬在西安市东郊白鹿原上。白鹿原地势很高，在皇宫内的含元殿就能看到。唐高宗非常敬重玄奘，将其奉为国宝，为他的去世曾经举朝致哀，诏令将玄奘的遗骨于总章二年（669年）迁葬到长

护国兴教寺

◎玄奘墓塔

安以南的少陵原上，同时修建寺院，以资纪念，寺被命名为"大唐护国兴教寺"，为唐代樊川八大寺院之首。唐肃宗为玄奘的舍利塔题写了塔额"兴教"二字，寓意大兴佛教。陪葬其侧的有两弟子窥基和圆测灵塔。玄奘塔为方形五层砖结构，通高约21米，底边长5.2米。一层较高，面南辟龛室，内置玄奘塑像；二层以上实心壁面隐出倚柱、阑额、斗拱，叠涩檐下砌两排菱角牙子。塔身收分适度，造型庄重，为早期楼阁式塔的典型作品。两侧弟子灵塔均为方形3层，高7米左右。其中"窥基塔"为唐高宗永淳元年（682年）始建，唐文宗太和三年（829年）重建；"园侧塔"为北宋时期宋徽宗政和五年（1115年）由终南山丰德寺迁来灵骨时所建。窥基是唐朝开国大将尉迟恭的侄子，圆测是新罗（朝鲜）王的孙子。

兴教寺大殿四周外山墙顶部现存有明成祖永乐十五年（1417年）绘制的20余幅壁画，其中有《太子游苑图》。《太子游苑图》创设了山水秀丽、景色宜人的氛围，画中的国王、太子神态各异，融合在美丽的景色中。文武官吏、男女侍从小心谨慎地服侍国王和太子。

《圣教序》全名《大唐三藏圣教序》，由唐太宗撰写。唐太宗贞观十九年（645年）二月，玄奘法师在印度求法17年后，携梵本佛典到长安，太宗见之甚喜。当年三月，玄奘奉命居弘福寺，并从事译经。贞观二十二年（648年），太宗亲自为之撰序，皇太子（李治，后为唐高宗）作记，此序和记，与太宗御敕、皇太子笺答、玄奘所译心经，由弘福寺沙门怀仁从唐内府所藏王羲之书迹及民间王羲之字遗墨中集字,历时20余年,于唐高宗咸亨三年(672年)刻成此碑,全称为《大唐三藏圣教序》。碑现存西安碑林。

唐太宗在《圣教序》中写道:

有玄奘法师者,法门之领袖也。诚重劳轻,求深愿达,周游西宇,十有七年。穷历道邦,询求正教。爰自所历之国,总将三藏要文,凡六百五十七部,译布中夏。宣扬胜业,引慈云于西极,注法雨于东垂。圣教缺而复全;苍生罪而还福。

◎法门寺日光菩萨

唐高宗(时为太子)在《圣教记》中写道:

玄奘法师者,凤怀聪令,立志夷简,神清龆龀之年,体拔浮华之世,凝情定室,匿迹幽岩,栖息三禅,巡游十地,超六尘之境,独步迦维。问道法还,十有七载。引大海之法流,洗尘劳而不竭;传智灯之长焰,皎幽暗而恒明。自非久值胜缘,何以显扬斯旨?

玄奘法师所译佛经,唐太宗为之作"序",唐高宗为之作"记"。兴教寺壁画有《太子游苑图》,法门通御道啊!佛的国家殊缘,深矣。唐太宗的《圣教序》中的"法门之领袖也",已经出现了"法门"一语。唐高宗的《圣教记》中的"自非久值胜缘",已经出现了"胜缘"一词。为佛教法门建"皇家寺庙"的胜缘完全成熟。

法门寺位于扶风县城北10千米的法门镇,始建于东汉末年,扩建于北魏,起兴于隋,鼎盛于唐,被誉为"皇家寺庙",因安置释迦牟尼佛指骨舍利而成为举国仰望的佛教圣地。法门寺因舍利而置塔,因塔而建寺,原名为"阿育王寺"。

唐朝是法门寺的全盛时期,它以皇家寺院的显赫地位、七次开塔迎请佛骨的盛大活动,对唐朝佛教、政治产生了深远的影响。唐初时,高祖李渊改名为"法门寺"。唐高祖武德二年(619年),秦王李世民在这里度僧80名入住法门寺。唐太宗贞观年间,把阿育王塔改建为四级木塔。唐代宗大历三年(768年)改称"护国真身宝塔"。自贞观年间起,唐朝政府花费大量人力财力对法门寺进行扩建、重修工作,寺内殿堂楼阁越来越多,宝塔越来越宏丽,区域也越来越广,最后形成了有24个院落的宏大寺院。寺内僧尼由周魏时的500多人发展到5000多人,是"三辅"之地规模最大的寺院。唐朝200多年间,先后有高宗、武后、中宗等八位皇帝六迎二送供养佛指舍利。

法门寺的良卿法师是在"文革"中自焚的,1966年,面对"红卫兵"小将们对法门寺地宫的破坏,住持良卿法师再也忍耐不住了。他慢慢地从蒲团上站起来,穿上他那红底镶金的袈裟,凝望着直刺苍穹的巍巍宝塔……然后,他把身旁所有的被褥、草垫、柴火堆放在一起,浇上煤油,自己又不慌不忙地坐在其中,用他那饱经风霜的手划着了火柴,点燃了自己。在熊熊烈火

◎法门寺

面前,"红卫兵"们纷纷扛着镢头、铁锹溜之大吉,法门寺地宫终于免遭了一次劫难。

即便在唐代,大规模地"花费"国家财政以迎送供养佛指舍利就有人提出异议,著名的有韩愈"云横秦岭"震古烁今的蓝关追问。受"国家饭碗"的巨大制约,韩愈"云横秦岭"的蓝关追问没有进行下去,翌年回长安仍然感谢"吾皇"。韩愈当年劝谏迎送佛指舍利的动机,是"欲为圣明除弊政"。很明确:韩愈认为国家官方性迎送佛骨,是"弊政"。作为官员,韩愈也是为国家考虑,这与"兴国寺""相国寺"和"护国兴教寺"的护国兴邦并无二致。按照中国意识和文化传统,"家""国"不分。佛僧作为出家人,应该对"国"和"家"一样,兴趣不大。"僧"来自于"佛";"佛"来到这个世界的崇高使命是什么呢?佛经写得很明确:"仅为一个大事因缘。"这一个被称作"大事"的"因缘",在佛是个人生命的解脱,而不是国家兴衰!在佛陀眼里,被东土僧人以"兴国寺""相国寺"和"护国兴教寺"忙活的"国家",乃是小事。僧人忙活的"国家",不是眼见着衰亡了吗?释迦牟尼如果要"忙活"自己的国家,他就是迦毗罗卫国的国王,而不会是释迦牟尼佛!事实上,释迦牟尼佛是亲眼看着他自己的国家——迦毗罗卫国灭亡的。玄奘法师离开不久,其留学的那烂陀寺院,就被波斯帝国和伊斯兰占领,作为佛教的故乡,印度国家在近代是英国的"东方公司"。"兴国寺""相国寺"和"护国寺"的中国,也沦为半殖民地,比印度幸运"一半"。"兴国寺""相国寺"和"护国寺"的中国僧人,和韩愈一样,都为了自己的国家,扮演的却是悲剧!如果说,韩愈的悲剧源自皇权的专断淫威,良卿法师的自焚由于"护教"和"兴国"的严重紧张,那么,中国其他僧人的悲剧则是剑走偏锋的价值颠倒:释迦牟尼的"佛"是从国家走出来,拒绝王位;中国僧人则是通过"王"的信仰"佛",走进王朝国家。

神农试毒：帝的舍身崖

佛教《贤愚经》有一个著名的"舍身饲虎"的佛经故事。故事记载的是，一个王子牺牲自己，救活了母虎与虎仔。《贤愚经》中叙述，王子走到饿虎面前，毫不犹豫地将身体投向虎口，不料，饿虎只朝他望了一眼，却闭着嘴巴不吃他。看到饿虎的神情，王子若有所思。他早已下定决心舍身供养，为了实现自己的心愿，王子干脆找来一截尖锐的木头，往自己身上猛戳，使鲜血汩汩流淌而出。一直咬着嘴唇的饿虎，看到鲜血，立刻恢复了本性，吐出鲜红的舌头，开始舔食王子的鲜血。饿虎喝足了血，又继续吃王子的肉体。饿虎吃完王子的肉身，一不小心竟从悬崖上跌下，晕了过去。待它醒来后，回想起刚才的事，又跑回白骨旁不停地徘徊，十分难过。

王子的父亲，也就是国王和妃子正在休息。妃子做了一个梦，梦见三只鸽子在丛林里游玩，忽然飞来一只大老鹰，抓住最小的鸽子吃掉了。她忍不住"啊！"的惨叫一声，立刻惊醒过来。国王听到妃子的话，也觉得心惊肉跳，赶紧命令随从分头寻找王子的行踪。其实，舍身饲虎的摩诃萨青王子，死后投身到兜率天上。他对国王托梦说：由于施身给了饿虎，他现在

◎舍身饲虎

已经上升到了兜率天上。有生就有死，这是人世的常情。凡是为非作歹的人，都会下地狱；凡有善行的人，都会升往天界。

"舍身饲虎"的故事很有名，除了《贤愚经》外，包括《金光明经》第4卷《舍身品》在内的四五部佛教典籍都有记载。玄奘法师的《大唐西域记》中也有记载，敦煌也有"舍身饲虎"的彩塑。

受印度佛教《贤愚经》《金光明经》中"舍身饲虎"故事的巨大影响，中国佛教四大名山几乎都有舍身崖。秦岭也有多处舍身崖：南五台的灵应台下即是终南山舍身崖，西岳郝祖洞前即华山舍身崖。《观音圣迹集》记载："信仰观世音菩萨，只要是诚心祈祷，就是会得到菩萨奇迹般的感应，尤其求儿女是特别地灵验！记得小时候听人讲，曾有一年轻妇女去求子，路上一边走一边唱着流行歌，到了香山，一不小心跌到舍身崖下，庙里有人听到呼救声，就大声喊观世音菩萨圣号，此妇女就奇迹般地挂于半崖树枝上，后终被救上来。"本学大师所讲的舍身崖就在西秦岭。秦岭西部的宝鸡天台山，就是一座舍身崖，一座炎帝为华夏文明舍身的舍身崖。

◎炎帝故里

《国语·晋语》载："昔少典娶于有蟜氏，生黄帝、炎帝。黄帝以姬水（今陕西武功县漆水河）成，炎帝以姜水（今陕西宝鸡市清姜河）成。成而异德，故黄帝为姬，炎帝为姜。二帝用师以相济也，异德之故也。"这是中国历史上最早记载炎帝、黄帝诞生地的史料。因此，他们是起源于陕西省中部渭河流域的两个同源共祖的部落首领。后来，两个部落争夺领地，展开阪泉之战，黄帝打败了炎帝，两个部落渐渐融合成华夏族，华夏族在汉朝以后称为汉人，唐朝以后又称为唐人。炎帝和黄帝也是中国文化、技术的始祖，传说他们以及他们的臣子、后代创造了上古几乎所有重要的发明。

每年农历正月十一，宝鸡民间集会九龙泉祭祀炎帝诞辰，每年七月初七集会天台山祭奠炎帝死葬。近年来，宝鸡市渭滨区邀请专家学者与研究宝鸡地方志的同志，进行实地考察，结合史志文献记载论证，在天台山重修了神农祠和炎帝陵。炎帝陵划分为陵前区、祭祖区、墓冢三个部分，陵前区：姜城堡处有一古式重檐牌坊，上书"炎帝故里"四字，堡东"浴圣九龙泉"上有沐浴殿和九龙亭，清姜路北段十字路口有座石质华表牌坊，上书"神农之乡"四字，清姜路中段十字路口又有一座古式牌坊，上书"人杰地灵"四字。宝鸡桥梁厂门前天台山入口处的蒙峪，坐东面西有座跨路古建筑"神农门"牌坊。过神农门经桥梁厂家属区，向南即为常羊山炎帝陵，有盘山公路直达陵殿，另有直登陵殿的石阶。西山腰有百草堂、药王洞，有老中医张萱的药方碑。穿过殿堂往南，便是一条笔直的通往后山顶的小道。炎帝陵就在这后山顶上。炎帝陵是个庞大的圆形陵墓，墓冢周围用青石砌筑，墓碑上刻有"炎帝陵"三字。四周松柏成林。墓前通道两边为历代帝王塑像，陵冢后为颂扬炎帝功德的诗词、楹联和绘画作品的碑林。陵墓东连天台山风景名胜区，北隔蒙峪河与诸葛山相望，南边松柏成林，越林梢可远眺高耸入云的秦岭大散关，向西俯视清波滚滚的姜水，姜水萦绕姜氏城北流入渭河。陵墓整体以山取势，古建成群，三面凌空，给人以雄伟、神圣、肃穆、古雅、幽静的感觉。"国之大事，在祀与戎。""盖古圣之功德，惟帝最大。故后世之报享，惟帝最隆。"

炎帝神农在宝鸡天台山一带，长年累月地跋山涉水，尝试百草，每天都得中毒几次，全靠茶来解救，但是最后一次，神农来不及吃茶叶，被毒草毒死了。据说，那时候他见到一种开着黄色小花的草，那花萼在一张一合地动着，他感到好奇，就把叶子放在嘴里慢慢咀嚼。一会儿，他感到肚子很难受，还没来得及吃茶叶，肚肠就一节一节地断

◎天台山舍身崖

开了，原来是中了断肠草的毒。后人为了纪念炎帝农业和医学发明的功绩，就世代传颂着这样一个神农尝百草的故事，并将中国第一部药书命名为《神农本草经》。

宝鸡天台山作为炎帝神农采药遇难之处，自古以来为"圣人践地"，炎帝遗迹甚多，有"天台天下古，天台古天下"之美誉。据实际勘察，天台山有宗教活动遗迹30处、民俗文化6处、奇石13处、碑碣8处、古遗址4处、炎帝活动遗迹10处、祠庙5处。

天台山位于宝鸡市南，距市中心约3千米，面积124平方千米。炎帝神农氏姜姓，羊为部落的图腾旗帜。炎帝逝世后埋在天台山下的常羊山，羊既是华夏文明善美的根源，也是古代祭祀——牺牲品的最高祭物。包括《山海经》在内的中国古代史籍，炎帝都是牛首人身的形象。牛与羊一样也是国家祭祀的最高牺牲属物，也是农业文明的最重要驯畜。中国著名歌曲《南泥湾》中的"到处是庄稼，遍地是牛羊"，已经唱出了牛羊对于古代农业文明的至高重要性与象征意义。炎帝是牛羊的主人，也是华夏文明的精神领袖，还有他尝百毒的历史传说，皆表明炎帝是华夏文明中最为接近太阳的民族领袖，是农业之神、医药之神，是在彻底的牺牲中抵达天堂的伟大圣者。生于斯，长于斯，逝于斯——此处的秦岭才称之为天台山，宝鸡的天台山才以"天台天下古，天台古天下"成为历史美谈。秦岭宝鸡天台山，是炎帝献身的圣山，是神州文明的舍身崖。

竹掩楼观寺花香

　　李白的《慈姥竹》："野竹攒石生，含烟映江岛。翠色落波深，虚声带寒早。"走进楼观台百竹园，翠竹林立，苍翠欲滴。在竹园里闲庭信步，仿佛置身于绿的海洋，园内一片翠绿，绿得各不相同。竹叶也是有窄有宽，如手掌、如鸡爪、如眉、如剑；有的通体金黄，叶子却是绿得醉人；有的中直通天；有的随地而息，参差不齐。群竹簇拥而高耸，直插入云霄，层层密密错落有致。这里的竹子永不孤独，群生群长，患难与共，高可摩天，低可触岩。上以天力透苍穹，下可对地入三分，参透天地的不懈之功形神毕现。花有盛衰，草有绿枯，树有轮回，而竹从不在意四季的更替，从不折腰俯就，自成清韵。微风吹来，竹叶响动，竹语喃喃，身心俱忘。自然也人为，人为本自然，一竹一道人，相忘洞天地。在秦岭中，这难得的郁郁竹林经代不绝，这千里引种的各样竹种郁郁葱葱，清瘦的身影传达着简朴的信息，留给会心的人体悟无穷的奥义。

◎楼观宗圣宫

道教最早的道观是陕西终南山的楼观，说经台则是楼观最早的"道观"。说经台位于海拔594米的山上，虽处山之阴，却尽得其阳，翠竹环抱，古木高耸在天空中，秀峦葱郁，赏心悦目，历来是帝王道众朝拜之仙都，文人墨客云集之圣地。晋惠帝时，楼观道士梁谌，自称得尹喜道系真传，声望日隆，道众云集。晋惠帝乃敕令扩建楼观庙宇，植树万株，拨百姓300户，以供洒扫。

今日说经台，南依翠峦，北瞰渭水，古木参天，绿荫蔽日。置身于翠峦茂林之间，吞吐山水的灵气，旷若不见古始，究兮窈兮冥兮，老子的"道可道，非常道"大音希声于山风林雾之中，西望仿佛见青牛，唯恍唯惚两苍茫。五千真言，传于斯台，老子已去，楼观犹在。"人法地，地法天，天法道，道法自然"，涣涣流行，寂兮寥兮，独立不改，周行而不殆。自然无始无终，道妙存乎见用。

最能代表古楼观历史气魄、包容中国传统文化的古建筑是宗圣宫，在岁月的风蚀中毁于一旦，这些孤零零的碑石和殿基，成了楼观古文化历史的不屈积淀。一株1700年的古银杏，被认为是当今世界上四大古银杏之一，在这里，它似乎难以支撑历史卷宗的重负，几乎成为枯树，但它顽强的残枝，庞大的根系，却萌发出希望的新绿。

在宗圣宫遗址，首先映入眼帘的是九株历经千年仍然蓊郁青翠、苍劲挺拔的古柏，当地群众尊称为"楼观九老"。其中有一棵树传为老子当年系牛所用，被称为"系牛柏"，树下留有元代所刻石牛一头。西南隅有三棵树，树上结瘿酷似三只昂首展翅、活灵活现的苍鹰，人们称之为"三鹰柏"。

中国古代建筑艺术，其中最常见的就是亭台楼阁。亭子有顶没有四壁，是供游人、行人小憩的地方。台是用土石垫起来的高而平的方形建筑，便于瞭望。阁是一种架空的小楼房，四周设隔扇或栏杆回廊，供远眺、游憩、藏书之用。"楼"是两层以上的建筑，所谓"楼者，重屋也"。楼观都高入云天，让人看了触目惊心。李白的《夜宿山寺》诗云："危楼高百尺，手可摘星辰。不敢高声语，恐惊天上人。"终南山楼观台之所以成为道观的代名词并不是偶然，从关尹的楼观变为老子的道观，再从老子的道观变为天下道教的玄观中心——楼观台真如满坡掩映的翠竹，既方亩渐阔，又节节攀高，日照蓝天，月映灵山。

西安有著名的大雁塔和小雁塔，长安兴教寺有唐玄奘的舍利塔。秦岭终南山，就是自然界的塔。秦岭北麓的紫竹林，位于西安终南山南五台峻拔秀峭之岩壁间，背靠五台主峰观音台，俯瞰长安阡陌平畴，西临竹谷峪，东望灵应台，为南五台最具规模的寺院。紫竹林因地依势分上下两院，上院由灵光殿和塔院组成，灵光殿雕梁画栋，峻拔雄伟，俯瞰长安大地平荡如砥。怡峰老和尚曾这样描绘紫竹林的胜景："前有长安明灯照，后有松屏随意靠。左有甘泉香且美，右有石莲登远眺。"据《重修紫竹林碑记》知：紫竹林，原名大石头寺，自明以来称观音大寺。光绪二十三年（1897年）仲春重修时，观音大寺改名紫竹林。

◎ 老子手植银杏

紫竹林原为南五台75道房之一，因寺门口有一巨石酷似犀牛，故称大石头寺，"犀牛望月"为五台胜景之一。山是石的母域和故乡。古典中国又是意象思维，以石取名者众多！著名者如石家庄、石嘴山和石钟山。秦岭就有鸡峰山、石泉县和元象山，有石瓮寺、石羊关和化羊庙。紫竹林里的寺门口又有"犀牛望月"的著名景点，取名大石头寺，生动直观，理固宜然。"自明以来称观音大寺"也好理解：观世音是中国佛教文化中最为人们

©塔云山道观

熟悉的菩萨名号与圣号，南五台又是观世音菩萨的道场。光绪二十三年（1897年），南五台的观音大寺改名紫竹林。何以改名紫竹林呢？我们臆测，理由有三：其一，浙江省普陀山乃佛教四大名山，是观世音菩萨的根本道场。浙江省普陀山有紫竹林，普陀山紫竹林在浙江省舟山市普陀山东南部的梅檀岭下。山中岩石呈紫红色，剖视可见柏树叶、竹叶状花纹，因称紫竹石。后人也在此栽有紫竹。其二，《诗经·淇奥》唱云："瞻彼淇奥，绿竹青青。有匪君子，充耳琇莹，会弁如星。"终南山多竹，秦岭北麓72峪就有3个竹谷。西边的竹谷在周至县司竹乡，东边的竹谷在华阴县

◎南五台紫竹林

华峪旁，中间的竹谷就在南五台山下。其三，终南山多竹，终南山的竹满眼翠绿，"瞻彼淇奥，绿竹青青。"南五台的观音大寺改名紫竹林，的确是一个寺名创造。终南山多绿竹，南五台"紫竹林"的"紫"，既与佛的紫金世界、道的紫气东来有关，也与现代科学中的光谱学甚为相契。光谱学中，赤、橙、黄、绿、青、蓝、紫，"紫"为最高光谱。从终南山绿竹林，命名出南五台紫竹林，就把寺院的品质无形中提高了两三个档次！南五台从"绿竹青青"变为紫竹庄严，符合观世音菩萨道场的圆满性和庄重性。南五台紫竹林的门额，悬有常明方丈手书的"圆通宝殿"金字牌匾。"圆通"和大圆满的一个法相即无云蓝天，无云蓝天之上就是紫竹掩映的观音道场。南五台紫竹林西厢即叫作"紫薇阁"。南五台紫竹林的命名，是秦岭自然地理和佛教文化的融合与创造。

现在的紫竹林，规模宏伟，环境幽雅，上下青砖砌围墙，连为一体，成为南五台建筑最壮丽的著名佛寺。其山门高大宏伟，门顶高悬赵朴初先生手书的"南山紫竹林"门额，和两边雕刻的门联："古寺无灯凭月照，

山门不锁待云封。"待入大门，右边即大石头，亦称石莲或犀牛石。左侧即青石铺设的大平台，正中汉白玉台阶上竖起坐南向北宏伟庄重的大雄宝殿，雕梁画栋。殿中央雕刻精致的龛台上供奉着三尊雕像，中为观世音菩萨，左为净水观音，右为千手观音，三尊均为木雕。两侧墙壁上有十八罗汉画像，形态各异，栩栩如生。宝盖高悬，木鱼、铜磬陈列井然。大雄宝殿右侧有五间两层"佛光轩"，左侧有五间两层"紫薇阁"，凌空而起，泛金起红。院正中竖有2004年9月4日置的铁质"万年宝鼎"，铸有"终南山紫竹林"字样。寺院显得格外庄严肃穆，清静幽雅。

　　白居易的《大林寺桃花》："人间四月芳菲尽，山寺桃花始盛开。"其实，中国佛教最为繁盛的还是莲花。座是莲花座，经是莲花经，宗是莲花宗。灵山法会上，佛陀拈花微笑，手中所拈的花就是莲花。其中沁人心脾的幽香是来自佛国的荷塘月色，也来自香积的佛心。秦岭终南山的南五台本身，就是大自然的五瓣莲花。

"上帝临女"终南山

如果说太华山是神奇的，太乙山是神秀的，那么太白山就是神秘的。毫无疑问，秦岭作为广义终南山，其自然神学的丰富资源乃神州之冠！楼观台是天下玄都，道教之根，楼观台的东边和西边，分别有天主教圣母山和大秦景教塔。大秦景教塔修建于唐代，是基督宗教入华的最早遗存，具有重要的世界文明价值。圣母山和景教塔，特别是眉县清华的十字山，给神奇、神秀和神秘的秦岭终南山，带来了至为深刻的神圣标记。

眉县清华十字山的命名，是在清代康熙年间。陕西城固县刘嘉录神父，于1717年毕业于意大利那玻利城圣家学院并晋铎品。回国后，他传教于陕西各地，因见眉县豹窝地理环境酷似耶路撒冷之加尔瓦略山，遂绘图上报罗马教廷，经教宗庇护六世恩准，命名为"十字山"并给予大赦。刘嘉录神父遂购地兴建圣若瑟堂、圣母亭、十字山小堂、十四处苦路。圣地

◎秦岭十字山

工程于1777年告竣：定于每年5月3日的寻获十字架与9月14日的光荣十字架瞻礼为朝圣日。"文革"十年浩劫，圣地建筑被毁殆尽。1984年落实宗教政策，高异举神父曾管理圣地一带的教民信仰生活，恢复了一年一度的朝圣活动。2002年罗马教廷再次颁发谕令，将十字圣山恩准予以永久延伸。据当地老乡讲，2004年从全国各地前来十字山朝圣的各地神长教友达一万多人。"朝圣"者，即对上帝（天主）的朝拜，即"上帝临女"终南山！

"上帝临女"是西周《诗经》的著名歌唱，也是周王朝取得天下的历史歌声，后来成为华夏文明体味命运的感恩歌颂。"上帝临女"分别出现在现在《诗经》的《大雅》和《颂》中。《大雅·文王之什·大明》唱到：

明明在下，赫赫在上。天难忱斯，不易维王。天位殷适，使不挟四方。

挚仲氏任，自彼殷商，来嫁于周，曰嫔于京。乃及王季，维德之行。大任有身，生此文王。

维此文王，小心翼翼。昭事上帝，聿怀多福。厥德不回，以受方国。

天监在下，有命既集。文王初载，天作之合。在洽之阳，在渭之涘。

文王嘉止，大邦有子。大邦有子，俔天之妹。文定厥祥，亲迎于渭。造舟为梁，不显其光。

有命自天，命此文王。于周于京，缵女维莘。长子维行，笃生武王。保右命尔，燮伐大商。

殷商之旅，其会如林。矢于牧野，维予侯兴。上帝临女，无贰尔心。

在这首著名的《大明》中，"天"与"上帝"是最高的命运主体和信仰对象。"天"出现了6次，"上帝"出现了2次。"上帝"是从殷商承接过来的概念，"天"则是周人自己的信仰对象。周人信仰的"天"和殷商信仰的"上帝"的区别是："天"有自然性，具备普遍品格；"上帝"有祖先性，是专属对象。周人取得天下后，既用殷商信仰的"上帝"概念，又使用他们自己"天"的言说。正是在对"天"的虔诚仰望和巨大情感里，秦岭终南山开始"绵绵瓜瓞"地被深情凝望和歌唱。《颂·周颂清庙之什·天作》说得好："天作高山，大王荒之"。"高山"一方面直接是"天"的造化产物，获得与分享周人的虔诚仰望和巨大情感，另一方面周王可以致力拓荒，是天人合作的崇高境域，可以极大地丰富对"天"的信仰言说。这就是《诗经》那么多诗篇歌唱终南山的原因。"上帝临女"本来是周王的自我意识和信仰激励，由于"天"的牵引，而成了对"山"的深情凝望和无比歌颂。这个"山"就是终南山！《颂·鲁颂·宫》也唱道："后稷之孙，实维大王。居岐之阳，实始翦商。至于文武，缵大王之绪，致天之届，于牧之野。无贰无虞，上帝临女！"

纵观《诗经》，周人对于"天"与"上帝"有两种态度：①虔敬赞美和信仰态度，《大雅·文王之什·大明》可作为例子；②抱怨气愤的否定态度，可以《小雅·小旻之什·小旻》为例："旻天疾威，敷于下土。谋犹回遹，何日斯沮？""谋之其臧，则具是违。""我龟既厌"，"不我告犹。不敢暴虎，不敢冯河。""战战兢兢，如临深渊，如履薄冰。"这是朝政一片混乱、人生出现危机的境况下，诗中所散发出的对"天"与"上帝"抱怨气愤的否定气息。这种抱怨"天"与"上帝"的言说，在《诗经》中很少出现。抱怨出于情绪和价值受伤，不是对"天"与"上帝"的存在论否定。"上帝"不说了，"天"在人的头顶上空，谁有办法挪走它吗？这是另一种"上帝临女"。

在肯定"上帝临女"的虔诚仰望和巨大情感下，《诗经》唱出了30多首深情赞美终南山的颂歌。《小雅·祈父之什·节南山》以"节彼南山，维石岩岩"赞叹南山的自然崇高，《小雅·白华之什·南山有台》以"南山有台，北山有莱""南山有桑，北山有杨"歌唱南山的富饶物产，《国风·秦风·终南》以"终南何有？有纪有堂。君子至止，黻衣绣裳。佩玉将将，寿考不忘"，明确描写了终南山的祭祀场所（"有纪有堂"）以及对人的无限祝福（"寿考不忘"），并最终生成出"寿比南山"神圣无限的华夏文明理念。这一切，或者优美自由歌吟，或者崇高自发歌唱，或者神圣自心歌颂，都源于终南山——"上帝临女"的虔诚仰望和巨大情感。

《尚书·舜典》中写道："肆类于上帝，禋于六宗，望于山川，遍于

◎终南云深处

群神。……八月,西巡守,至于西岳,如初。"这是先秦典籍的重要神性地理叙述:上帝出现。山川是上帝、六宗和群神聚会的场所,直接导致以山为主体的秦汉封禅的文化制度和国家礼仪。祭祀西岳华山的文字是:"八月,西巡守,至于西岳,如初。""如初"表明祭祀西岳已经有先例了。如果华山和终南山都指涉今日的秦岭概念,那么,《尚书·舜典》叙述的"肆类于上帝……八月,西巡守,至于西岳,如初"就是终南山最早的"上帝临女"。

《尚书·禹贡》是古代的地理经典和权威。广义秦岭占了《尚书·禹贡》三分之二的篇幅,狭义秦岭占了《尚书·禹贡》三分之一的篇幅;它对秦岭主峰太白山,完全不涉及,难以理解。那么《禹贡》对秦岭主峰太白山是怎样叙述的呢?

我们认为,"嶓冢""华阳""黑水"和"昆仑"即《禹贡》围绕秦岭太白山的叙述。"嶓冢"即炎帝陵寝的宝鸡天台山;"华阳",唐代曾在太白山南坡设立华阳县;"黑水"至少包括今日流入西安,发源于太白山的黑河;"昆仑"即秦岭太白山,"昆仑之丘"即宝鸡天台山!唐群在《炎帝与炎帝陵》中写道:"天台莲花山,又名天泰山(古为西泰山),称昆仑丘。""天台山原为百神所在的昆仑之墟。"[①]唐群所论,堪称卓见!《禹贡》是在叙述"雍州"的语境中出现"昆仑"的,秦人雍都即在宝鸡凤翔县。赵荣在《中国古代地理学》中对雍州的注解即陕西和甘肃。神秘的古代文明中心"昆仑",不会是今日的昆仑山脉。今日的昆仑山脉,是汉武帝政治霸权和灵性低劣的荒谬指认。《尚书·禹贡》出现"昆仑"的具体句子是:"织皮昆仑、析支渠搜,西戎即叙",是在叙述太白山为中心的西秦岭禹迹。

唐晓峰教授指出,《尚书·禹贡》是华夏上古人文地理的经典和权威,《山海经》则是神性(唐氏原用"神文")地理的经典和权威。《山海经》中,论述"昆仑"者有以下几则:

(1)《西山经·钟山》:"又西北四百二十里,曰钟山。其子曰鼓,其状如人面而龙身,是与钦䲹杀葆江于昆仑之阳,帝乃戮之钟山之东曰嵫崖。"

(2)《西山经·昆仑丘》:"西南四百里,曰昆仑之丘,是实惟帝之下都,神陆吾司之。其神状虎身而九尾,人面而虎爪;是神也,司天之九部及帝之囿时。河水出焉,而南流东注于无达。赤水出焉,而东南流注于氾天之水。洋水出焉,而西南流注于丑涂之水。黑水出焉,而西流于大杆。"

[①]分别见唐群:《炎帝与炎帝陵》,三秦出版社2003年版,第126页和第164页。"昆仑"作为华夏上古的神圣地理中心,在《山海经》有最铺陈的描述,是连孔子、司马迁都不愿碰的神性信仰问题。屈原《天问》的著名话语是:"昆仑县圃,其凥安在?"

（3）《海外西经·形天与帝争神》："形天与帝至此争神，帝断其首，葬之常羊之山，乃以乳为目，以脐为口，操干戚以舞。"

（4）《海内西经·昆仑之虚》："海内昆仑之虚，在西北，帝之下都。昆仑之虚，方八百里，高万仞。上有木禾，长五寻，大五围。面有九井，以玉为槛。面有九门，门有开明兽守之，百神之所在。在八隅之岩，赤水之际，非仁羿莫能上冈之岩。"

（5）《海内西经·西王母》："西王母梯几而戴胜杖，其南有三青鸟，为西王母取食。在昆仑虚北。"

《海内西经·西王母》的西王母山，在甘肃平凉市的泾川县城西0.5千米的"回中山"之上。秦始皇统一全国之后，第一次出巡之地即"回中山"。地图上泾川县正位于宝鸡市的正北方，与《海内西经·西王母》的叙述，内容上完全吻合。《海内西经·昆仑之虚》是对昆仑之虚的正面描绘，除非我们去过了，才有话说。具体的地理名词只有"八隅之岩"和"赤水"。宝鸡陈仓区今日有八鱼镇，和"八隅之岩"有无关系，不好说。

"赤水"应该有两义：一是赤谷之水，杜甫在天水有《赤谷》诗；二是血流成河。《海外西经·形天与帝争神》与《西山经·钟山》，给我们注解了血流成河的赤水故事。《西山经·钟山》的"钟山"和《海外西经·形天与帝争神》中的"形天"乃一回事，一个人，皆源于炎帝部落与黄帝部落历史上一次最惨烈最伟大的远古战争。西王母的三青鸟，来自于《庄子》深刻注解过的丹心碧血。何以是"三"青鸟呢？那是人的"心"——是指人心的"三华"。"赤水""洋水""黑水"容易解释，也被众多的州县抢夺。那么，"氾天之水"呢？只能是今日天水市。命名之源已经出现几千年了，解释之由一直深陷黑夜。作为"氾天之水"的"天水"：就是学者挂在嘴边的《道德经》的"上善若水"，就是《福音》中的"施洗的河"，就是《楞严经》的"灵种的瀑流"，就是《热什哈尔》的"川流不息的天命"。"天水"作为"氾天之水"，就源于神农弥漫天地的德音，源于炎帝血荐民族的圣善！

《尚书·禹贡》和《山海经》中的"嶓冢"，即炎帝及其牺牲者的陵墓，即今日宝鸡天台山。《海外西经·形天与帝争神》中的"形天与帝至此争神，帝断其首，葬之常羊之山"，就是今日宝鸡的常羊山，建有庄严深沉的炎帝祠。神圣庄严的常羊山炎帝祠，让人联想起基督教"我是羔羊"的弥撒德音。炎帝殉道的天台山，让人联想起耶稣牺牲的十字山。眉县秦岭十字山，与宝鸡天台山相隔仅20千米，圣脉相通，深沉致意！可以预料，宝鸡天台山作为炎帝神农的舍身崖，作为被历史烟尘封盖的古昆仑，要不了多久必将获得其自身的尊贵和荣耀！从历史战争胜利的一方黄帝部落看，《庄子》有"黄帝遗珠"和"崆峒问道"的记载。崆峒山就在西王母山的近处，或者就是"回中山"。这样，西王母的"回中山"就有两个基本蕴意：一是让失败的亡魂回家，二是让胜利的头颅回首。黄帝回头了，在终南山的蓝田鼎湖宫白日升天。至于那些不肯回头的秦皇汉武们，前去拜谒"回中山"的时候，西王母恐怕只会说："你们回去吧。"对于有资格进入昆仑者，即《海内西经·昆仑之虚》所谓的"仁羿"之士，西王母的三青鸟会去报信的。

　　元《西岳华山志》云："云台峰，岳东北……周武帝时，有道士焦道广独居此峰，辟粒餐霞，常有三青鸟报未然之事。"

唐代李商隐著名的《无题》诗写道："春蚕到死丝方尽，蜡炬成灰泪始干。""蓬山此去无多路，青鸟殷勤为探看。"此诗意境深亦哉！已经把几千年前炎帝神农牺牲，转化为唐诗意境。写到了秦皇汉武想去的"蓬山"，未有"三青鸟"报信纯属枉然，如果不计劳民伤财的话。与此对比，有了"春蚕到死"和"蜡炬成灰"的深爱恋情和牺牲愿欲，则"蓬山无多路，青鸟殷勤看"。西王母的三青鸟，首先是中国西北河山的神鸟！在汉唐华夏时代，它是荣耀历史的金凤凰；在宋元夷夏时代，它是结束战争的和平鸽；在清末启夏时代，它是国家复活的杜鹃鸟。启夏时代，孔雀东南飞。21世纪，随着西部大开发，随着关中——天水一体化，千年隐匿的西王母"三青鸟"，必将在古老伟大的秦岭重新翱翔。终南山上空那翻飞的群鸟中，可有西王母的三青鸟吗？如果有的话，那么至少表明：当代修行者中，还有后周焦旷那样的道士在终南山；还有唐代李商隐的《无题》中那种"春蚕到死""蜡炬成灰"的爱情在终南山；还有远古时代炎帝神农般的高尚情怀在终南山。果真如此，我们就能像周人《诗经》那样幸福地对终南山说："上帝临女！"

谨以此书献给秦岭

——中国人的国家中央公园

青山做伴好还乡
——修订版后记

《华夏龙脉·秦岭书系》最初于2010年以"秦岭文化地理书系"推出黑白版,翌年,彩图版问世。游龙壮美,意趣深邃,华夏国家的宝贵名山跃然而出,遂改名《华夏龙脉·秦岭书系》。书中的人文阐发、文明比较,使读者感受到典雅别致的文化气息与人文趣味,赢得了诸多社会赞誉。在此向广大读者致谢!图书出版后,先后获得"中国大学出版社优秀畅销书一等奖""陕西图书奖"等奖项。

现在,能够把修订版奉献给读者朋友,我特别欣慰。

修订版的明显变化,是增加了地图和摄影作品——这是文化地理书籍的风格诉求。内容方面,以《天宝物华——秦岭自然地理概览》增添得最多:计有"天坦草甸紫柏山""神奇韭菜滩""感天之气 观岳之象"等十节。其中,"神奇韭菜滩"取自葛慧先生的美文,在此感谢他。"感天之气 观岳之象"是写华山的气象专节,希望读者能够喜欢。"天坦草甸紫柏山"既源于紫柏山的地理名气,也出于内容上的平衡考虑。《天宝物华——秦岭自然地理概览》是以秦岭北麓五座名山(天台山、太白山、终南山、骊山和华山)结构成篇的,这就规定了它"北重南轻"的布局大势。细心的读者会发现,比照黑白版,《华夏龙脉·秦岭书系》的第一版中就增加了"云盖天竺山"一节。现在又给南坡增加了"天坦草甸紫柏山"等专节,希望秦岭自然地理的整体性与均衡感能够更加贴切展现。

修订版订正了已经发现的错误,比如错别字。例如,把褒斜道上留坝境"武关"误写成了"勉县"。需要说明的是,许多书籍文献把"秦岭"名称归于司马迁的《史记》,这是错误的!我们在2010年黑白版的《终南幽境——秦岭人文地理与宗教》里,就用"秦岭命名的知识考古学"整节表明:"秦岭,天下之大阻也"的《史记》说,不单是文献出处错误,而且是涉及"王朝地理学""秦岭文明"和"知识考古"的基础理论问题。事体较大,苦口婆心,再作冯妇,愿对秦岭研究有所裨益。

《华夏龙脉·秦岭书系》再版修订期间,我们获知四川省和陕西省的相关部门正在进行"秦岭古道"("蜀道")的"申遗"工作。严耕望先生的《唐代交通图考·秦岭仇池区》,早就揭示了"秦岭古道"的华夏国家功能。《道汇长安——秦岭古道文化地理之旅》指出:"秦岭古道"既包括通往四川、重庆的"蜀道",也包括通往河南和湖北的"楚路"。《道汇长安》的题目表明,今日的陕西省省会西安即周、秦、汉、唐的国都长安才是"秦岭古道"("蜀道")的历史主体和文明主人。2014年6月,以长安为中心的"丝绸之路"已经"申遗"成功。如果说"丝绸之路"是汉唐时期中国走向世界之路,那么"秦岭古道"就是周秦时期华夏国家的形成之路。就华夏国家的文明分量看,"秦岭古道"并不逊色于"丝绸之路"。

文本的修订终究指向人本的修正:书写即还乡。秦岭之于我,不单是地理身份层面上的"家乡",更主要还是心理精神上的"故乡"。

青山做伴好还乡。30多年前,上大学二年级的我写了一篇名为《高高的秦岭》的文学习作。1998年,我留学德国,一个秋夜,在美茵茨大学神学院课堂的黑板上,我不由自主写着"heimweh"(乡愁)。等到瞥见 *Der Berg*(《山脉》杂志),我那蓄存已久的乡愁的心火便熊熊燃烧起来。提及这些隐秘的"私事",有助于读者理解《华夏龙脉·秦岭书系》的人文精神气息,理解它不同于课题功利型著述的缘由所在。特别是,十八大以来的中国国家层面及领导人,也屡屡指出"乡愁"在民族复兴中的重要意义。张国伟先生领衔的《秦岭造山带与大陆动力学》等著述，正在深入揭示秦岭作为"华夏龙脉"乃至"地球礼物"的地质学真相。

青山做伴好还乡。《华夏龙脉·秦岭书系》的写作不单是作者个人的还乡之旅，也源自民族复兴乃至人类前途的文明呈现。20世纪80年代，舒婷在《还乡》中写道："今夜的风中，似乎充满了和声。"是的，秦岭作为"还乡"的"青山"，既具有个体记忆的切己背影，也显露出民族复兴乃至人类前途的普世愿景。这，正是秦岭魅力和奥秘的根本来源吧！

高从宜

2016年春

抛砖引玉 以歌灵山

——《华夏龙脉·秦岭书系》初版后记

《华夏龙脉·秦岭书系》分为四册，它们是《神秀终南——秦岭北麓72峪撷胜》《道汇长安——秦岭古道文化地理之旅》《天宝物华——秦岭自然地理概览》和《终南幽境——秦岭人文地理与宗教》。先后于2010年3月和10月推出黑白版。然而，对于秦岭的伟大和神性而言，编写作者、广大读者都以为意犹未尽。经过近一年的努力，跋山涉水，广泛搜求，现在彩图版问世，作为主要作者，颇为高兴；作为名义主编，感慨良多。借此机会，诉诸楮墨，用以抒怀、备忘和纪念。

这套书最初的萌芽酝酿，是在2008年的春节。现在知道，几乎与此同时，在陕的多名人大委员开始从国家发展层面，正式提议将秦岭作为国家的中央公园。时过三年，为调查人大委员议案提出两年后的有关进展，2011年3月5日《陕西日报》第6版以《七十二峪：秦岭的七十二座花园》为题，发表了记者对《神秀终南——秦岭北麓72峪撷胜》作者的采访内容。《华商报》和西安世园会有关机构，在此前后又共同组织了"秦岭七十二峪水汇世园"活动。秦岭72峪，作为国家中央公园的72座花园，作为秦岭开发规划的重大专题，已经得到普遍认同。

相比之下，作为华夏中国的统一道路与关键境域，作为秦岭开发规划的、重要性不逊色于"72峪"的"秦岭古道"专题，则尚未引起人们的兴趣和重视。然而，如果就秦岭国家中央公园这一主题而言，秦岭古道的分量甚至要在秦岭72峪之上！其一，"72峪"更多属于三秦陕西；"秦岭古道"无疑属于华夏中国，具备世界级文明意义。其二，就自然地理看，"秦岭古道"乃是"72峪"中几个比较幽深、宽阔的峪谷；就历史文化看，"秦岭古道"更是"72峪"中出乎其类、拔乎其萃的伟大代表。它在现代中国交通中，仍占据非常特殊的位置。其三，关于秦岭古道世界级的文明意义，著名汉学家李约瑟爵士在《中国科学技术史》中，中国秦汉史研究会副会长王子今教授在相关著述中，严耕望先生在《唐代交通图考》中，都进行过专门研究。尤其严耕望先生积40多年心血撰著的《唐代交通图考》这部旷世杰作，其第三卷即"秦岭古道"专题，揭示了秦岭古道对于华夏中国的伟大意义及历史地理学的重大蕴意！其成果令人叹服。

秦岭古道与秦岭72峪，一南北纵贯，一东西横向，共同编织了秦岭作为国家中央公园的经纬世界。它们与天宝物华的自然、终南幽境的人文一起，是守护"国家中央公园"的四大天王，是经纬秦岭的四相世界。与《神秀终南》《道汇长安》分别以秦岭北麓72峪和秦岭古道文化地理为专题的论说性体例不同，《天宝物华》《终南幽境》则是从秦岭的自然地理、人文地理（包括宗教地理）的学科体例和相关内容着眼的选题。自然地理和人文地理既是地理学的传统经典科目，又日新月异，成果斐然，自不必多言。

需要说明的，应该是秦岭宗教蕴涵在人文地理概念中的强调突出。这的确是本书系内容的一个特点，也是一个难点。其理据有二：其一，从《舜典》的"肆类于上帝……望于山川"到《史记》的黄帝禅让，地理的信仰精神与宗教维度乃班班可考；其二，不说佛教之南五台、观音山，单道教的楼观台、太白山与西岳华山，在历史传统上已是宗教圣地，应归于"神性地理学"，道理可谓明白不过。秦岭如欲名副其实地成为国家中央公园，如欲真正跨入世界名山行列，必须在瑰丽风光和丰厚文化的基础上，深刻诠释其在宗教领域无可替代、得天独厚的信仰精神资源。

按照原先的写作计划，秦岭的神性地理蕴意应有专册展现。然由于人力和经费的严重不足，秦岭的神性地理便与人文地理挤在一书，显得有些局促。许多需要入山考察的细节内容，由于无法上路，沦为纸上谈兵。尤其对秦岭自然地理蕴意的介绍，既相当简略，又重北（麓）轻南（坡），颇不匀称，自不满意。我自己也由原先的名义主编，沦为实际上的主笔——书系一半以上的内容篇幅，我不得不亲自操刀，奋迅精神，边读边写，求人求己，现做现卖，尽力完成基本的写作内容与原初安排。其粗疏之处，浮陋之痕，乃至错谬，诚不可免矣。"抛砖引玉"者，非自谦之辞，乃自知之明。

"暂顾晖章侧，还眺灵山林。"（李世民）如果说这四册书还有某些灵气的话，那么，我们也仅仅是把从秦岭获得的灵感，还给了这座伟大的灵山罢了。国学的方法论，讲究"读万卷书，行万里路"。地理文化的朴素前提，更得双脚做证。而秦岭文化地理的基本前提，除了双脚做证，还得有现代的知识积累和人文主体的意向境界。在用60多万字为秦岭这座灵山做注之后，简单交代一下作者的秦岭之旅，应该是相宜的。

北京鸟巢，是2008年奥运会举办地；南山鸟巢，是鸟的家园，也是我的"阿凡达"世界。心灵的皈依，正式起步是在1980年。那年春节，在秦岭北麓新兴寺，我们挖土、挑水、拉胡基（砌墙用的土坯）以修缮寺院。夏季，先是去秦岭南坡的宁陕县四亩地筑路，接着去眉县清华山朝圣。10年之后，1990年春节，在新兴寺白雪皑皑的路上，我兴奋、陶醉地滚了50多米。这之前的1987年，首次登上华山——以至于后来，在陕西师范大学宾馆，我给尤西林先生介绍的一位美国教授说道：不去华山长空栈道与朝元洞，就不能谈宗教信仰！现在应该补充的是：作为宗教境域的领悟条件，去华山长空栈道与朝元洞，必须是靠香客老太太般的虔诚双脚，而不能是汽车、索道甚或直升机动用下的金庸大师们的华山论剑。1988年5月1日，第一次靠近太白山雪线的心跳，永远难忘。上帝怜悯，人活着回来。1995年，由青牛洞道人做伴，我完成太白山穿越。两天的路程，走掉了两个脚趾甲。当人回到西安，已是凌晨5点，东方已露出如梦如幻的霞光。在《朝圣》里，诗人里尔克如此写道：

矿石怀着乡愁，
生机渺无踪迹，

> 一心离弃钱币和齿轮,
>
> 离开工厂和金库,
>
> 回归到敞开的群山脉络中,
>
> 群山将在它身后幽然自闭。

  秦岭的"矿石"在"乡愁"之外,更有着文明与灵魂的哀痛!21世纪之后,我已经很少进入秦岭了,是怕灵魂深处的哀痛吗?犹如秦岭溪流,别青山于弯弯峪道,我也得汇入开放的现代世界;犹如终南群峰,会高天于阵阵林涛,我也在追寻生命的精神高度;犹如群山飞蝶,迎朝阳于郁郁芳草,我也想赶赴生活的芬芳美景。白驹过隙,浮云苍狗,机缘大变。而今,各种尘世的因素不论,我个人已失却了青春时代的诚挚、勇敢与朝圣之心!而无朝圣之心,我就缺乏勇气面对秦岭这座伟大的灵山。苍白的哀愁,朴素的感伤,浅薄的叹息,犹如那些蓦然出现抑或浮光掠影般的无根颂词,皆无济于事。《诗经·天作》写道:"天作高山,大王荒之。"或许,空谷幽兰般的美女,终究要走向她的新郎;天宝物华的神秀秦岭,也必得走向黄金、神木、GDP,必得面对汽车、飞机与由羚牛叫声汇成的现代社会和世界之道。这是它的天命!

  秦岭,大气磅礴,悠然浩远,自然巍峨。它是三秦大地的地理标志和精神荣耀,是华夏文明的摇篮与龙脉。秦岭是国家地理的南北分界线,被誉为中国人的"国家中央公园"。秦岭终南山,2009年入选"世界地质公园"。秦岭的文化地理,既是一座深奥丰富的地理宝库,也是一幅雄沉绚烂的文明画卷。希望这套丛书,能够基本展现秦岭的伟大与美,成为大家感悟秦岭的良好平台。唯愿中华儿女,在国家中央公园的现代梦境里,能够展示秦岭更加丰富的伟大与美;唯愿更多的人能够领悟秦岭的伟大与美,以歌吟祖国大地上这座独特神奇的灵山!

高从宜

2011年仲春